강미선쌤의 개념 잡는

덧셈 +
비법

강미선 지음

하우매쓰

강미선쌤의 개념 잡는 덧셈 비법

개정판 1쇄 발행 2021년 2월 15일
개정판 2쇄 발행 2022년 4월 7일

지은이 강미선
발행인 강미선
발행처 하우매쓰 앤 컴퍼니
편집 이상희 | **디자인** 박세정 | **일러스트** 이민진 | **마케팅** 양경희
등록 2017년 3월 16일(제2017-000034호)
주소 서울시 영등포구 문래북로 116 트리플렉스 B211호
대표전화 (02) 2677-0712 | **팩스** 050-4133-7255
전자우편 upmmt@naver.com

ISBN 979-11-967467-6-6(63410)

차례

비법 시리즈의 특징

1. 수학적 원리를 바탕으로 합니다

「비법 시리즈」에 담긴 덧셈, 뺄셈, 곱셈, 나눗셈 계산 방법은 자연수 계산의 기본 핵심 원리인 '십진법'과 '자리값'을 바탕으로 합니다. 또한 사칙계산 사이의 관계, 즉 뺄셈은 덧셈의 역이며 나눗셈은 곱셈의 역이라는 사실을 이용합니다. 이러한 수학의 기본 원리와 관계를 바탕으로 하기 때문에 「비법 시리즈」로 공부하면 계산 실력은 물론, 수학적 사고력 향상에도 큰 도움이 됩니다.

2. 그림을 사용해서 수학적 이해를 높입니다

「비법 시리즈」에서는 시계, 동전, 바둑돌, 모눈 등의 그림을 사용합니다. 글로 된 설명이 너무 길거나 복잡하면 일단 '어렵겠다', '재미없겠다'는 생각부터 들지만, 그림이 나오면 '쉽겠는데?', '재밌겠다'는 생각이 듭니다. 원이나 정사각형 같은 도형과 연산은 서로 별개라는 편견도 사라집니다. 또한, 그림을 보면서 계산 과정을 직관적으로 이해할 수 있고, 사진 찍듯이 머릿속에 모습을 기억하기도 쉽습니다. 따라서 「비법 시리즈」로 공부하면 수학에 대한 흥미와 이해를 높일 수 있습니다.

3. 영역을 넘나들며 개념을 서로 연결합니다

「비법 시리즈」는 수학적으로 서로 연결된 내용을 자기도 모르게 자연스럽게 익히도록 합니다. 직사각형으로 배열된 바둑돌의 개수를 셀 때 가로로 세든 세로로 세든 개수에는 상관없다는 것을 누구나 알 수 있습니다. 이런 상황은 '덧셈에서는 교환법칙이 성립한다'는 수학적 지식을 자연스럽게 터득하게 합니다. 또한 이것은 직사각형의 넓이를 구하는 것으로 이어집니다. 도형과 계산이 서로 연결되는 것입니다. 또한 곱셈에서 사용된 상황이 그대로 나눗셈으로 연결되면서, 몫의 의미와 세로 나눗셈의 과정에 대한 이해를 높입니다. 따라서 「비법 시리즈」로 공부하면 수학의 여러 영역이 사실은 서로 연결되어 있다는 것을 깨달을 수 있습니다.

4. 여러 학년 내용을 단기간에 학습할 수 있습니다

　「비법 시리즈」의 한 권 안에는 몇 년에 걸쳐 배우는 내용들이 모두 들어 있습니다. 『덧셈 비법』은 한 자리 수끼리의 덧셈에서 시작해서 받아올림이 여러 번 있는 세로셈까지, 『뺄셈 비법』은 가장 간단한 뺄셈에서 받아내림이 있는 세로셈까지, 『곱셈 비법』은 구구단에서부터 세로셈까지, 『나눗셈 비법』은 나머지가 없는 간단한 나눗셈부터 나머지가 있는 긴 세로 나눗셈까지 모두 담겨 있습니다. 한 권 안에 이런 내용들을 다 담았기 때문에, 「비법 시리즈」를 교재로 사용하면 짧은 시간에 몰입하여 자연수 계산 원리를 터득할 수 있습니다.

5. 중학교 수학과 이어집니다

　「비법 시리즈」에서는 앞으로 배울 내용들을 미리 연습하게 합니다. 모든 비법은 중학교 때 배우는 '다항식의 연산'과 연결됩니다. 자연수는 식이 아니라 수이지만, 수의 연산은 곧 식의 계산과 연결됩니다. 중학교에 가면 마치 전혀 새로운 수학을 배우는 줄 알고 미리 겁먹는 학생들이 많습니다. 초등학교 때와는 차원이 다르다는 말에 의욕을 상실하기도 합니다. 하지만 수학은 모든 학년에 다 이어집니다. 중학교 수학은 초등학교 수학에서 시작하고, '다항식의 연산'의 뿌리는 자연수 연산입니다. 따라서 「비법 시리즈」로 공부하면 중학교 수학도 낯설지 않습니다.

자연수 계산 원리

● **원리1 십진법** ●

십 원짜리 1개로 살 수 있는 물건은 일 원짜리 10개로도 살 수 있고, 백 원짜리 1개로 물건을 사고 싶을 때 십 원짜리 10개를 내도 됩니다.

왜냐하면, 우리는 '십진법'을 사용하기 때문입니다.

태어날 때부터 10진법을 사용해 왔기 때문에 이 사실이 너무 당연하게 여겨지지만, 사실 숫자 한 개로 된 1이 열 개 모이면 두 자리 수(10)가 된다는 것은 십진법만의 독특한 법칙입니다.

반면, 삼진법에서는 1이 3개 모여야 두 자리 수(10)가 되고, 오진법에서는 1이 5개 모여야 두 자리 수(10)가 됩니다.

1이 열 개 모여야 두 자리 수 10이 된다는 '십진법의 원리'를 잘 기억해서 늘 지킨다면, 자연수 연산을 쉽게 잘할 수 있습니다.

$$10원 = \begin{matrix} 1원 & 1원 & 1원 & 1원 & 1원 \\ 1원 & 1원 & 1원 & 1원 & 1원 \end{matrix}$$

● 원리2 자리값 ●

'수의 값은 숫자가 어느 자리에 써 있느냐에 따라 달라진다.'

이것은 '자리값의 원리'입니다. 오른쪽 끝이 '일'의 자리이고, 왼쪽으로 한 칸씩
갈수록 자리의 값이 커지는데, 왼쪽 자리는 바로 옆 오른쪽 자리의 10배입니다.
그렇다면 똑같은 숫자라도 왼쪽에 써 있어야 훨씬 더 큰 수가 되겠지요?

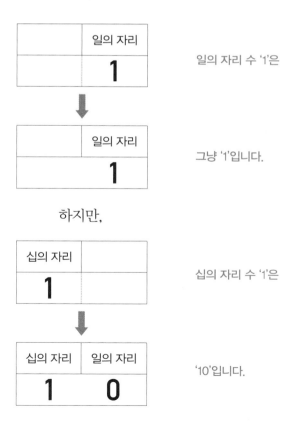

	일의 자리
	1

일의 자리 수 '1'은

	일의 자리
	1

그냥 '1'입니다.

하지만,

십의 자리	
1	

십의 자리 수 '1'은

십의 자리	일의 자리
1	**0**

'10'입니다.

덧셈 비법에 담긴 수학적 원리

● **펼쳐서 끼리끼리 더하기** ●

'십 원은 십 원끼리 더하고, 일 원은 일 원끼리 더하기'

이것이 '끼리끼리 더하기'입니다. 『덧셈 비법』에서 강조하는 이 원리는 중학교 때 배우는 '다항식의 계산' 단원에 나오는 '동류항끼리 계산하기'와 연결됩니다. 동류항끼리 계산한다는 것은, 같은 문자가 들어 있는 항끼리 계산한다는 것입니다.

$$ax + by + cx + dy$$
$$= (ax + cx) + (by + dy)$$
$$= (a + c)x + (b + d)y$$

예를 들어 $4x + 2y + 5x + 6y$ 라는 식이 있다면, x가 있는 항끼리 모아 $4x + 5x$ 를 해서 $9x$ 로 하고, y가 있는 항끼리 모아 $2y + 6y$를 해서 $8y$로 한 다음, 이 두 항을 더하면 됩니다.

$$4x + 2y + 5x + 6y$$
$$= (4x + 5x) + (2y + 6y)$$
$$= 9x + 8y$$

『덧셈 비법』에서는 이 원리를 자연수 덧셈에 사용했습니다.

53+45라는 식을 살펴볼까요?

53은 50과 3의 합이고, 45는 40과 5의 합입니다. 두 자리 수를 이렇게 십의 자리와 일의 자리로 가르는 것은 '펼치기'에 해당합니다. 그러고 나서 같은 자리 수끼리 더하는 것은 '끼리끼리 더하기'입니다.

$$53 + 45$$
$$= (50 + 3) + (40 + 5) \quad \longleftarrow \text{펼치기}$$
$$= (50 + 40) + (3 + 5) \quad \longleftarrow \text{끼리끼리 더하기}$$
$$= 90 + 8$$
$$= 98$$

이것을 세로셈으로 다시 쓰면 다음과 같습니다.

학부모님들께

1. 수학은 연결되어 있습니다

"우리 아이는 도형은 잘하는데 계산은 싫어해요."라거나, "계산은 너무 좋아하는데 도형 문제만 나오면 어쩔 줄 몰라해요."라는 부모님들이 있습니다. 혹시 부모님 마음속에 '계산과 도형은 별개'라는 생각이 들어 있는 것은 아닌지요? 또, "초등 수학은 잘했는데 중학 수학도 잘할지 걱정돼요."라거나, "중학교 수학은 초등과는 차원이 다르다면서요?"라는 부모님들도 있습니다.

수학은 서로 연결되어 있습니다. 도형과 계산이 연결되어 있고, 초등과 중등도 연결되어 있습니다. 서로 연결되어 있기 때문에, 서로 연결해서 배우면 덜 낯설고 공부량이 적어져 익히기가 쉽습니다. 「비법 시리즈」는 연산과 도형이 어떻게 연결되는지, 연산들끼리는 서로 어떻게 연결되는지, 초등과 중등이 어떻게 연결되는지를 보여 주는 교재입니다. 수학의 모든 단원과 학년을 서로 연결해서 학습하도록 도와주세요. 그러면 수학이 쉬워집니다.

2. 꼭 외워야 하는 것들은 외우게 해 주세요

수학이 이해의 과목이긴 하지만 꼭 외워야 하는 기본 내용들이 있습니다. 덧셈에서는 받아올림이 일어나는 한 자리 수끼리의 덧셈(예: 3+8=11), 뺄셈에서는 받아내림이 일어나는 간단한 뺄셈(예: 11−3=8), 곱셈과 나눗셈에서는 구구단(예:

3×8=24, 24÷3=8)이 있습니다. 물론 억지로 외우면 안 되고, 왜 그런 결과가 나오는지는 반드시 이해해야 합니다. 하지만 과정을 이해한 것에서만 만족하고 그 결과를 외워 두지 않으면 계산이 더디고 나중에는 재미없어집니다. 「비법 시리즈」의 1단계에 나오는 내용들은 꼭 알아두어야 할 기초적인 내용이므로 아이가 외울 수 있도록 도와주세요.

3. 교재를 융통성 있게 활용해 주세요

아이의 성향에 따라 유연하게 이 교재를 사용해 주시기 바랍니다.

아이가 잘 따라 하고 집중력이 있으면 그 자리에서 1단계부터 4단계까지 진도를 나가도 됩니다. 각 단계의 예시문제와 도전문제 몇 개만 풀어 보아도 금세 원리를 터득할 수 있는 아이들은, 나머지 문제들은 나중에 스스로 풀 수 있기 때문입니다.

반면, 아이가 집중력이 약하거나 계산이 느린 경우에는 차근차근 진도를 나가 주세요. 일정한 양을 정해서 풀게 하는 것이 좋습니다. 하지만 너무 적은 양씩 오랜 기간 동안 풀게 하지는 마시기 바랍니다. 어떤 원리를 터득하려면 약간은 몰입해서 공부하는 게 좋기 때문입니다.

이 책의 비법들은 언뜻 보기에 대수롭지 않아 보입니다. 하지만 이 안에는 아이들이 특히 어려워하는 수의 쌍을 분석한 것을 바탕으로, 심리적인 부담을 느끼지 않고 원리를 익히면서 실수를 잡아낼 수 있도록 예제나 연습문제가 치밀하게 배치되어 있습니다. 부디 이 책이 수학과 계산에 흥미와 자신감을 갖게 하는 데 도움이 되길 바랍니다.

김미선

암산이 잘 안 될 때는 이렇게!

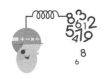

　여기서 제시한 4단계를 잘 따라 했다면 저절로 암산이 됩니다. 그런데 만약 생각보다 암산이 잘 안 된다면? 그 이유는 무엇일까요? 그리고 그럴 때에는 어떻게 해야 암산을 잘하게 될까요? 암산이 안 되는 원인에 따라 처방이 달라집니다.

1. 십진법 원리를 정확히 이해하기

　모형 동전을 사용해서 시장 놀이를 해 보세요. 10원을 1원짜리 10개로 바꾸는 놀이를 반복적으로 하다 보면, 십진법에 대한 이해가 높아집니다.

2. 자리값 원리에 대해 이해하기

　깍두기공책을 사용해 보세요. 한 칸에는 반드시 숫자를 1개만 써야 합니다. 칸에 맞게 수를 쓰다 보면, 실수도 줄어들고 자리값 원리에 대한 이해도 좋아집니다.

3. 집중력 키우기

　플래시 카드를 만들어서 빨리 빨리 넘기며 답을 말하는 연습을 해도 좋습니다. 덧셈 카드, 뺄셈 카드, 구구단 카드 등을 사용해 카드를 빨리 넘기면서 답을 말하면, 짧은 시간에 집중하는 훈련을 할 수 있습니다.

4. 새로운 기분으로 다시 도전하기

　컨디션이 안 좋아서 공부에 집중하기 힘든 때가 있습니다. 이럴 때에는 잠시 쉬었다 하세요. 며칠 뒤에 다시 시도해도 좋습니다. 새로운 기분으로 도전하면 암산이 쉽게 될 거예요.

1 단계

짝짓기

10 만드는 짝짓기

직선으로 만나는 두 수를 더하면 10이 됩니다.

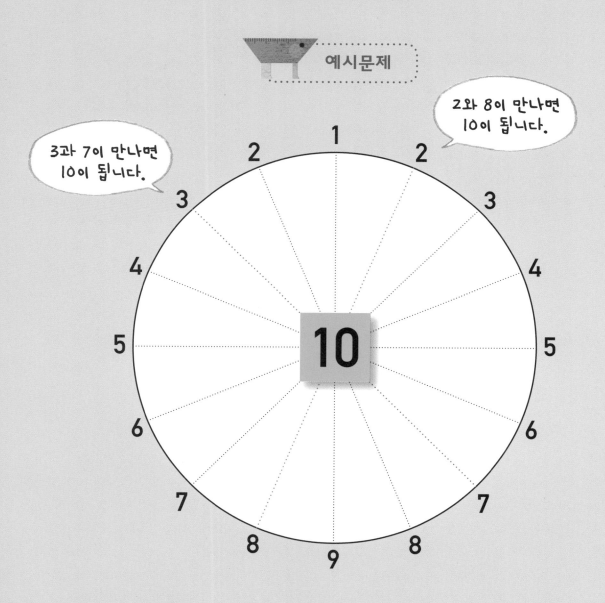

도전문제 10 만들기

서로 만나 10이 되는 수를 ☐ 안에 써 보세요.

①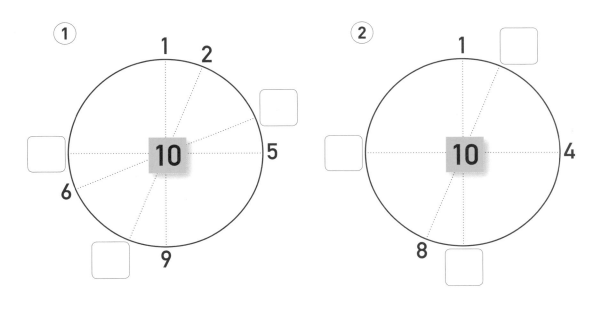

②

③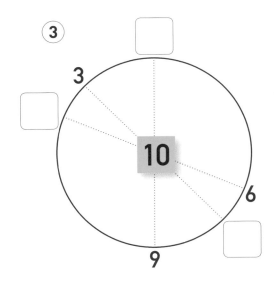

④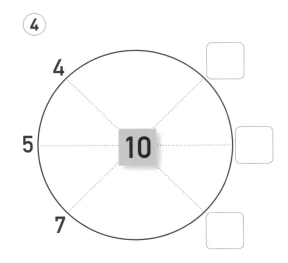

15

1단계 짝짓기

11 만드는 짝짓기

직선으로 만나는 두 수를 더하면 11이 됩니다.

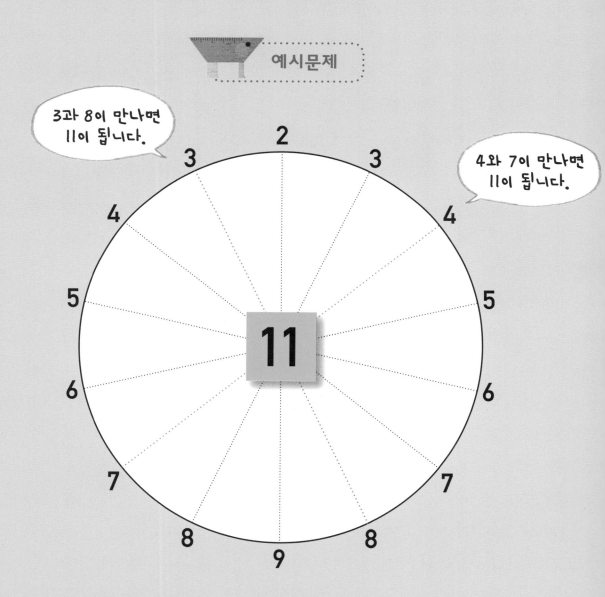

서로 만나 11이 되는 수를 ☐ 안에 써 보세요.

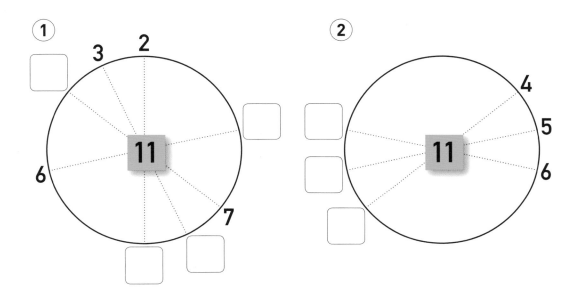

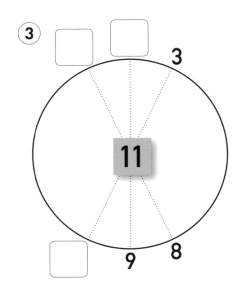

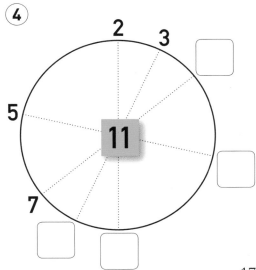

1단계 짝짓기

12 만드는 짝짓기

직선으로 만나는 두 수를 더하면 12가 됩니다.

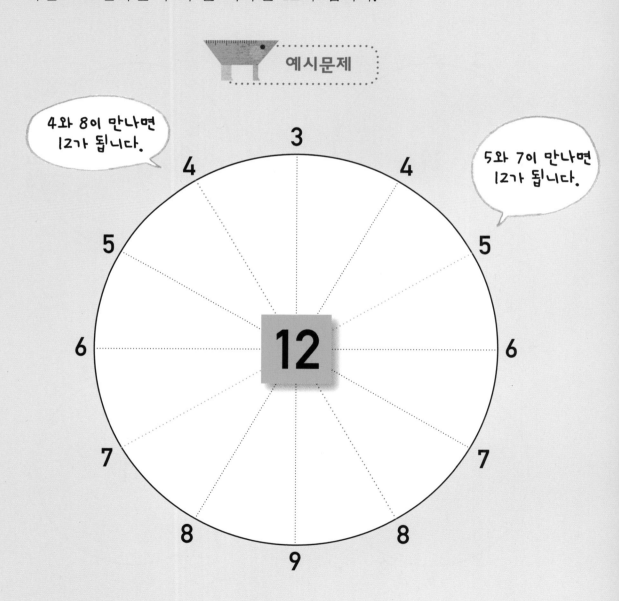

예시문제

4와 8이 만나면 12가 됩니다.

5와 7이 만나면 12가 됩니다.

도전문제 12 만들기

서로 만나 12가 되는 수를 ☐ 안에 써 보세요.

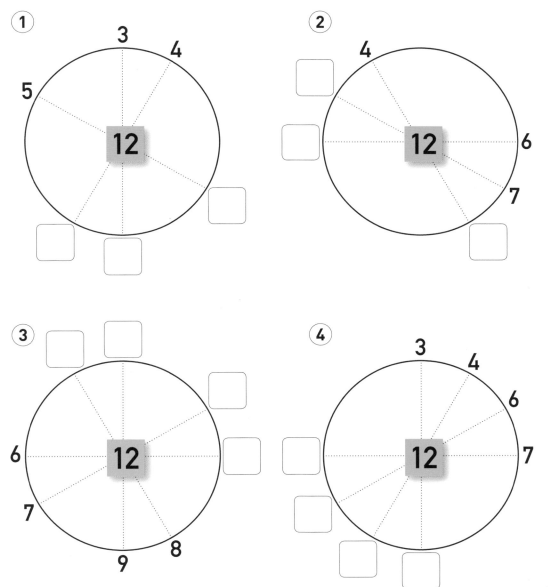

19

1단계 짝짓기

13 만드는 짝짓기
직선으로 만나는 두 수를 더하면 13이 됩니다.

예시문제

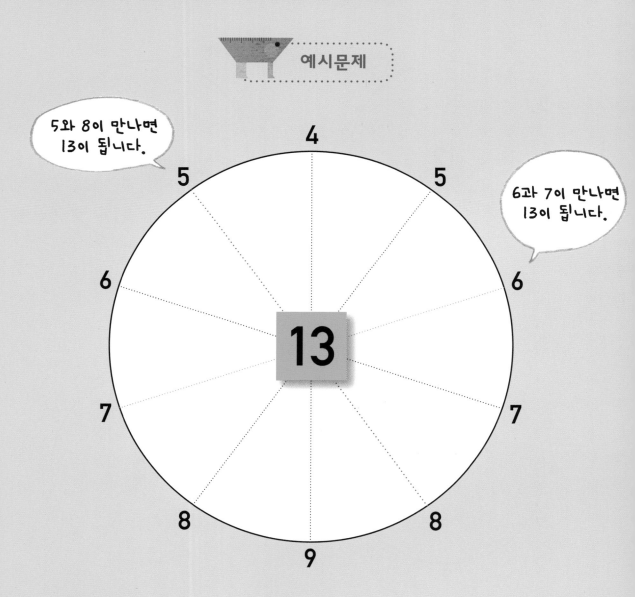

서로 만나 13이 되는 수를 ☐ 안에 써 보세요.

①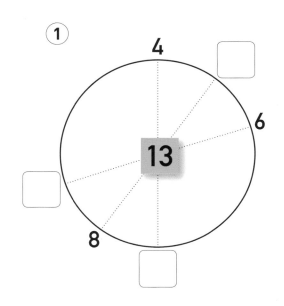

②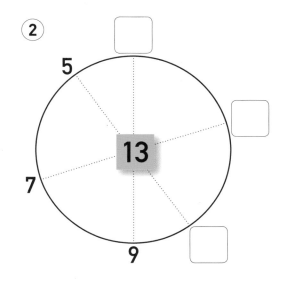

③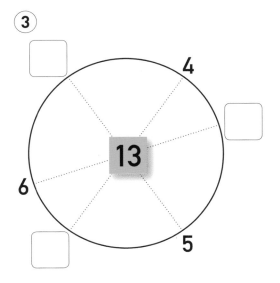

④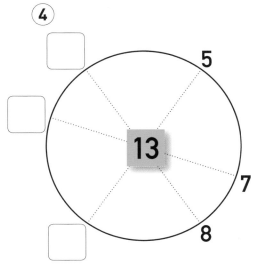

1단계 짝짓기

14 만드는 짝짓기

직선으로 만나는 두 수를 더하면 14가 됩니다.

예시문제

도전문제 **14** 만들기

서로 만나 14가 되는 수를 ☐ 안에 써 보세요.

①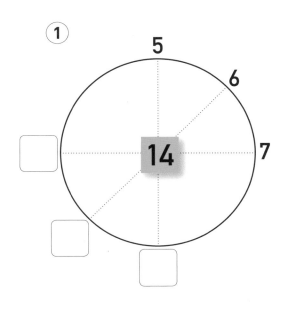

②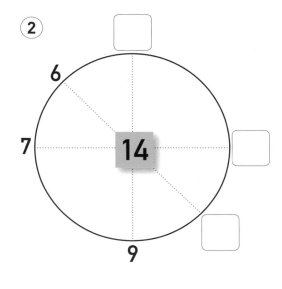

③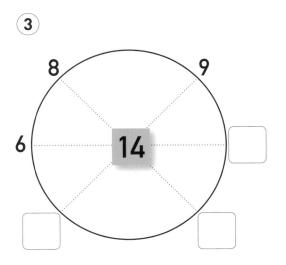

④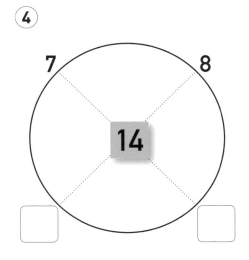

15 만드는 짝짓기

직선으로 만나는 두 수를 더하면 15가 됩니다.

예시문제

7과 8이 만나면 15가 됩니다.

도전문제 15 만들기

서로 만나 15가 되는 수를 ☐ 안에 써 보세요.

①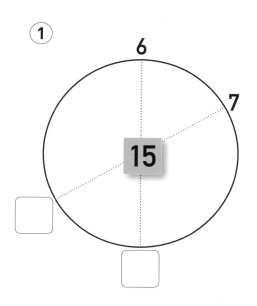

②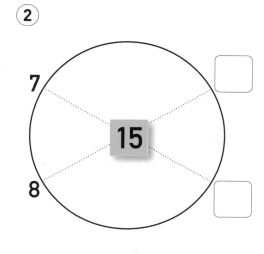

③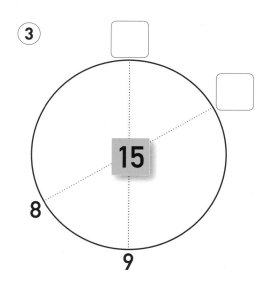

④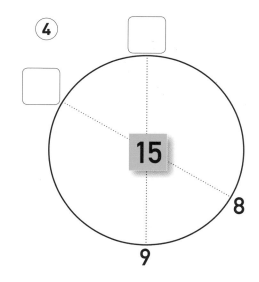

1단계 짝짓기

16 만드는 짝짓기

직선으로 만나는 두 수를 더하면 16이 됩니다.

예시문제

8과 8이 만나면 16이 됩니다.

도전문제 16 만들기

서로 만나 16이 되는 수를 ☐ 안에 써 보세요.

①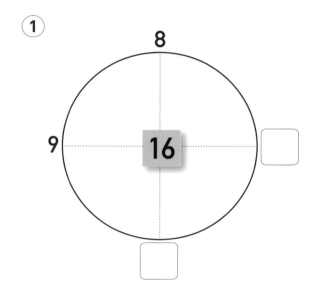

②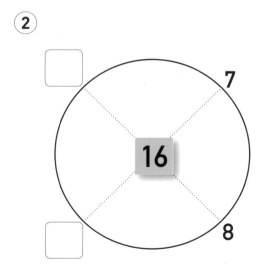

17 만드는 짝짓기

직선으로 만나는 두 수를 더하면 17이 됩니다.

예시문제

8과 9가
만나면
17이 됩니다.

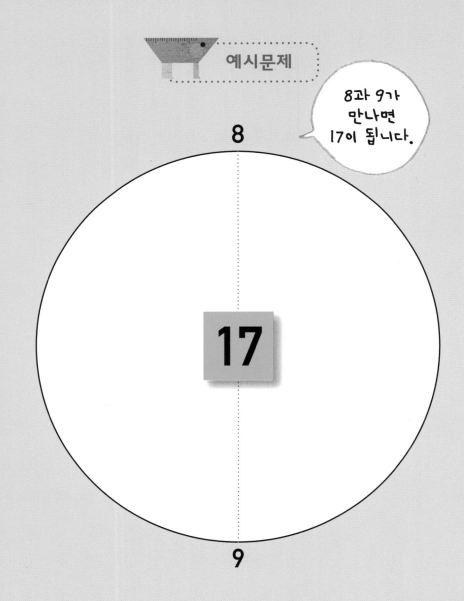

 도전문제 **17** 만들기

서로 만나 17이 되는 수를 ☐ 안에 써 보세요.

①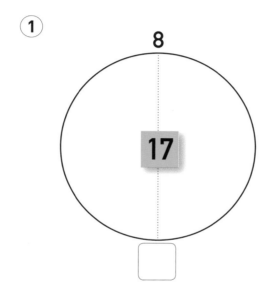

8

17

☐

②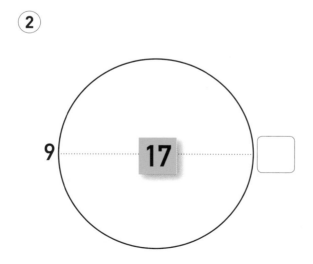

9 ⋯⋯ 17 ⋯⋯ ☐

29

연습문제

서로 만나 가운데 수가 되는 수를 [ ] 안에 써 보세요.

①
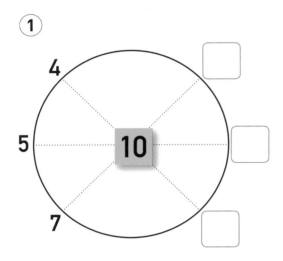

②
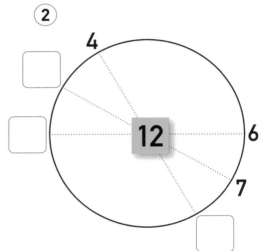

③
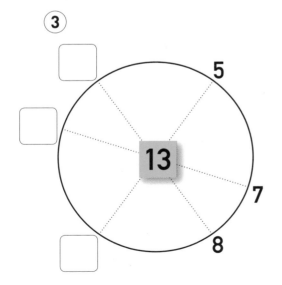

④
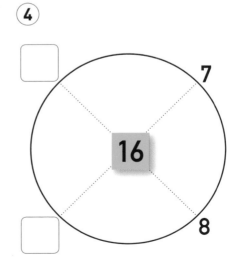

2단계

분류하기

2단계 분류하기

한 자리 수끼리 더해서 10이 되는 쌍과 10이 넘는 쌍을 분류합니다.

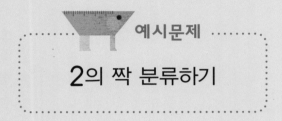

예시문제

2의 짝 분류하기

2와 8을 더하면 10이 되고, 2와 9를 더하면 10이 넘어갑니다.

10	10이 넘는 경우
2 — 8	2 — 9

 핵심 포인트 10이 넘는 경우에 두 수의 합이 얼마인지도 생각해 보세요.
예를 들어 2와 9를 더하면 11이지요.

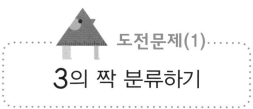

도전문제(1)

3의 짝 분류하기

안에 알맞은 한 자리 수를 쓰세요.

10	10이 넘는 경우
3 — ☐	3 — ☐ 3 — ☐

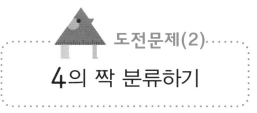

도전문제(2)

4의 짝 분류하기

안에 알맞은 한 자리 수를 쓰세요.

10	10이 넘는 경우
4 — ☐	4 — ☐ 4 — ☐ 4 — ☐

2단계 분류하기

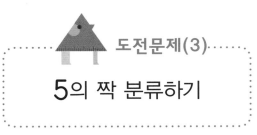

도전문제(3)

5의 짝 분류하기

☐ 안에 알맞은 한 자리 수를 쓰세요.

10	10이 넘는 경우
5 ── ☐	5 ── ☐ 5 ── ☐ 5 ── ☐ 5 ── ☐

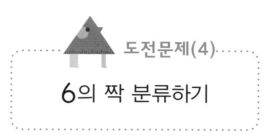

도전문제(4)

6의 짝 분류하기

□ 안에 알맞은 한 자리 수를 쓰세요.

10	10이 넘는 경우
6 — □	6 — □ 6 — □ 6 — □ 6 — □ 6 — □

2단계 분류하기

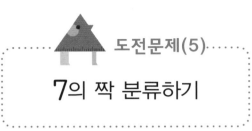

도전문제(5)

7의 짝 분류하기

☐ 안에 알맞은 한 자리 수를 쓰세요.

10	10이 넘는 경우
7 ── ☐	7 ── ☐ 7 ── ☐ 7 ── ☐ 7 ── ☐ 7 ── ☐ 7 ── ☐

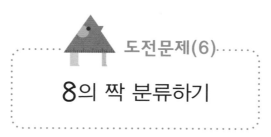

도전문제(6)

8의 짝 분류하기

☐ 안에 알맞은 한 자리 수를 쓰세요.

10	10이 넘는 경우
	8 ☐
	8 ☐
	8 ☐
8 ☐	8 ☐
	8 ☐
	8 ☐
	8 ☐

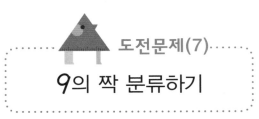

도전문제(7)

9의 짝 분류하기

☐ 안에 알맞은 한 자리 수를 쓰세요.

10	10이 넘는 경우
	9 — ☐
	9 — ☐
	9 — ☐
	9 — ☐
9 — ☐	9 — ☐
	9 — ☐
	9 — ☐
	9 — ☐

 핵심 포인트 더해서 10이 되는 짝은 딱 한 가지, 더해서 10이 넘는 짝은 여러 가지!

 연습문제(1)

10이 되는 쌍을 찾아 동그라미를 치세요.

① 9 — 1   ⑦ 2 — 8   ⑬ 5 — 4

② 8 — 3   ⑧ 4 — 6   ⑭ 3 — 9

③ 5 — 5   ⑨ 5 — 6   ⑮ 8 — 2

④ 4 — 8   ⑩ 3 — 7   ⑯ 9 — 6

⑤ 6 — 7   ⑪ 5 — 8   ⑰ 7 — 3

⑥ 9 — 3   ⑫ 6 — 4   ⑱ 9 — 9

2단계 분류하기

☐ 안에 알맞은 수를 쓰세요.

① 3 + 7 = ☐

② 6 + 5 = ☐

③ 2 + 8 = ☐

④ 9 + 3 = ☐

⑤ 4 + 8 = ☐

⑥ 7 + 7 = ☐

⑦ 9 + 6 = ☐

⑧ 5 + 5 = ☐

⑨ 7 + 6 = ☐

⑩ 2 + 9 = ☐

⑪ 5 + 8 = ☐

⑫ 8 + 6 = ☐

3단계

펼쳐서 더하기

✚ 3단계 펼쳐서 더하기

세로셈하기

한 자리 수끼리의 계산 결과를 세로셈으로 씁니다.

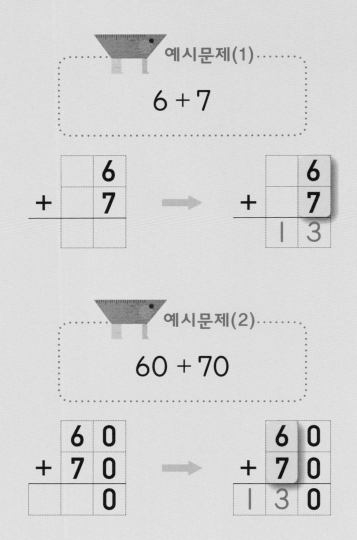

····· 예시문제(1) ·····

$$6 + 7$$

····· 예시문제(2) ·····

$$60 + 70$$

 핵심 포인트 앞 단계에서 익힌 대로 두 수의 합이 얼마인지 잘 기억해서 답을 쓰면 됩니다.

 연습문제(1)

①
```
    3
+   8
─────
```

②
```
    8
+   4
─────
```

③
```
    4
+   7
─────
```

④
```
    7
+   6
─────
```

⑤
```
    9
+   5
─────
```

⑥
```
    6
+   6
─────
```

⑦
```
    7
+   8
─────
```

⑧
```
    2
+   9
─────
```

⑨
```
    5
+   5
─────
```

⑩
```
    9
+   8
─────
```

⑪
```
    3
+   7
─────
```

⑫
```
    7
+   5
─────
```

⑬
```
    9
+   7
─────
```

⑭
```
    6
+   5
─────
```

⑮
```
    5
+   6
─────
```

⑯
```
    9
+   1
─────
```

3단계 펼쳐서 더하기

 연습문제(2)

①
```
    8
+   2
```

②
```
    7
+   4
```

③
```
    7
+   9
```

④
```
    5
+   8
```

⑤
```
    6
+   7
```

⑥
```
    3
+   7
```

⑦
```
    9
+   3
```

⑧
```
    2
+   8
```

⑨
```
    7
+   7
```

⑩
```
    5
+   9
```

⑪
```
    4
+   6
```

⑫
```
    6
+   8
```

⑬
```
    9
+   9
```

⑭
```
    8
+   3
```

⑮
```
    6
+   9
```

⑯
```
    8
+   8
```

  연습문제(3)

①
```
    6
+   4
_____
```

②
```
    8
+   5
_____
```

③
```
    9
+   6
_____
```

④
```
    4
+   9
_____
```

⑤
```
    9
+   2
_____
```

⑥
```
    8
+   9
_____
```

⑦
```
    3
+   9
_____
```

⑧
```
    8
+   4
_____
```

⑨
```
    9
+   4
_____
```

⑩
```
    8
+   6
_____
```

⑪
```
    1
+   9
_____
```

⑫
```
    8
+   7
_____
```

⑬
```
    6
+   6
_____
```

⑭
```
    4
+   7
_____
```

⑮
```
    3
+   8
_____
```

⑯
```
    7
+   8
_____
```

3단계 펼쳐서 더하기

①
```
    6 0
  + 4 0
  -------
      0
```

②
```
    8 0
  + 5 0
  -------
      0
```

③
```
    9 0
  + 6 0
  -------
      0
```

④
```
    3 0
  + 9 0
  -------
      0
```

⑤
```
    6 0
  + 7 0
  -------
      0
```

⑥
```
    2 0
  + 8 0
  -------
      0
```

⑦
```
    7 0
  + 4 0
  -------
      0
```

⑧
```
    5 0
  + 8 0
  -------
      0
```

⑨
```
    5 0
  + 5 0
  -------
      0
```

⑩
```
    1 0
  + 9 0
  -------
      0
```

⑪
```
    8 0
  + 6 0
  -------
      0
```

⑫
```
    3 0
  + 8 0
  -------
      0
```

 연습문제(5)

①
```
   4 0
 + 7 0
───────
     0
```

②
```
   7 0
 + 6 0
───────
     0
```

③
```
   9 0
 + 5 0
───────
     0
```

④
```
   6 0
 + 8 0
───────
     0
```

⑤
```
   7 0
 + 8 0
───────
     0
```

⑥
```
   2 0
 + 9 0
───────
     0
```

⑦
```
   9 0
 + 8 0
───────
     0
```

⑧
```
   6 0
 + 5 0
───────
     0
```

⑨
```
   6 0
 + 6 0
───────
     0
```

⑩
```
   7 0
 + 7 0
───────
     0
```

⑪
```
   8 0
 + 8 0
───────
     0
```

⑫
```
   9 0
 + 9 0
───────
     0
```

단계 펼쳐서 더하기

연습문제(6)

①
```
  3 0 0
+ 7 0 0
    0 0
```

②
```
  4 0 0
+ 6 0 0
    0 0
```

③
```
  2 0 0
+ 8 0 0
    0 0
```

④
```
  6 0 0
+ 5 0 0
    0 0
```

⑤
```
  5 0 0
+ 7 0 0
    0 0
```

⑥
```
  7 0 0
+ 4 0 0
    0 0
```

⑦
```
  8 0 0
+ 3 0 0
    0 0
```

⑧
```
  9 0 0
+ 2 0 0
    0 0
```

⑨
```
  5 0 0
+ 8 0 0
    0 0
```

⑩
```
  6 0 0
+ 7 0 0
    0 0
```

⑪
```
  9 0 0
+ 5 0 0
    0 0
```

⑫
```
  8 0 0
+ 5 0 0
    0 0
```

 연습문제(7)

①
```
    3 0 0
+   9 0 0
      0 0
```

②
```
    6 0 0
+   6 0 0
      0 0
```

③
```
    7 0 0
+   8 0 0
      0 0
```

④
```
    9 0 0
+   8 0 0
      0 0
```

⑤
```
    4 0 0
+   7 0 0
      0 0
```

⑥
```
    6 0 0
+   4 0 0
      0 0
```

⑦
```
    7 0 0
+   4 0 0
      0 0
```

⑧
```
    9 0 0
+   9 0 0
      0 0
```

⑨
```
    5 0 0
+   7 0 0
      0 0
```

⑩
```
    8 0 0
+   7 0 0
      0 0
```

⑪
```
    4 0 0
+   8 0 0
      0 0
```

⑫
```
    9 0 0
+   1 0 0
      0 0
```

3단계 펼쳐서 더하기

(두 자리 수) + (두 자리 수) ①

두 자리 수를 (몇십)과 (몇)으로 펼친 다음, 십의 자리 수와 일의 자리 수를 끼리끼리 더합니다.

예시문제

$$34 + 17$$

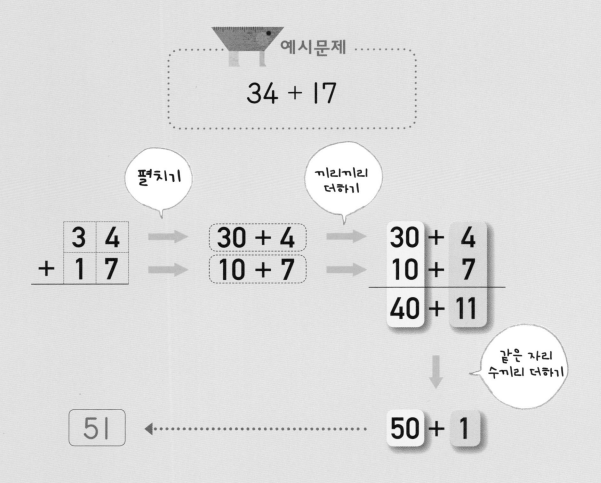

펼치기

$$\begin{array}{c} 3 \quad 4 \\ + \quad 1 \quad 7 \end{array}$$

$$30 + 4$$
$$10 + 7$$

끼리끼리 더하기

$$30 + 4$$
$$10 + 7$$
$$\overline{40 + 11}$$

같은 자리 수끼리 더하기

$$50 + 1$$

$$51$$

 핵심 포인트 40+11을 좀 더 펼치면 40+10+1이 됩니다. 이것을 각 자리 수끼리 더한 것이 50+1입니다.

도전문제(1)

13 + 18

$$\begin{array}{r} 1\ 3 \\ +\ 1\ 8 \\ \hline \end{array}$$

⇒ ☐ + ☐

⇒ ☐ + ☐

☐ + ☐

↓

☐

도전문제(2)

27 + 16

$$\begin{array}{r} 2\ 7 \\ +\ 1\ 6 \\ \hline \end{array}$$

⇒ ☐ + ☐

⇒ ☐ + ☐

☐ + ☐

↓

☐

3단계 펼쳐서 더하기

연습문제(1)

화살표를 따라 ☐ 안에 알맞은 수를 쓰세요.

①
```
  1 3  →  ☐  +  ☐
+ 2 8  →  ☐  +  ☐
─────────────────
          ☐  +  ☐
              ↓
           ☐
```

②
```
  2 8  →  ☐  +  ☐
+ 1 4  →  ☐  +  ☐
─────────────────
          ☐  +  ☐
              ↓
           ☐
```

③
```
  1 4  →  ☐  +  ☐
+ 1 7  →  ☐  +  ☐
─────────────────
          ☐  +  ☐
              ↓
           ☐
```

④
```
  2 7  →  ☐  +  ☐
+ 3 6  →  ☐  +  ☐
─────────────────
          ☐  +  ☐
              ↓
           ☐
```

⑤
```
  1 9  →  ☐  +  ☐
+ 2 5  →  ☐  +  ☐
─────────────────
          ☐  +  ☐
              ↓
           ☐
```

⑥
```
  3 6  →  ☐  +  ☐
+ 1 6  →  ☐  +  ☐
─────────────────
          ☐  +  ☐
              ↓
           ☐
```

 연습문제(2)

화살표를 따라 ☐ 안에 알맞은 수를 쓰세요.

① 1 7 → ☐ + ☐
  + 1 8 → ☐ + ☐
  ──────────
           ☐ + ☐
           ↓

② 4 2 → ☐ + ☐
  + 3 9 → ☐ + ☐
  ──────────
           ☐ + ☐
           ↓

③ 1 5 → ☐ + ☐
  + 3 5 → ☐ + ☐
  ──────────
           ☐ + ☐
           ↓

④ 2 9 → ☐ + ☐
  + 4 8 → ☐ + ☐
  ──────────
           ☐ + ☐
           ↓

⑤ 1 3 → ☐ + ☐
  + 2 7 → ☐ + ☐
  ──────────
           ☐ + ☐
           ↓

⑥ 2 7 → ☐ + ☐
  + 1 5 → ☐ + ☐
  ──────────
           ☐ + ☐
           ↓

3단계 펼쳐서 더하기

연습문제(3)

화살표를 따라 ☐ 안에 알맞은 수를 쓰세요.

①
```
  3 9  →  ☐  +  ☐
+ 3 7  →  ☐  +  ☐
─────────  ☐  +  ☐
              ↓
           ☐
```

②
```
  4 6  →  ☐  +  ☐
+ 2 5  →  ☐  +  ☐
           ☐  +  ☐
              ↓
           ☐
```

③
```
  1 5  →  ☐  +  ☐
+ 2 6  →  ☐  +  ☐
─────────  ☐  +  ☐
              ↓
           ☐
```

④
```
  3 9  →  ☐  +  ☐
+ 4 1  →  ☐  +  ☐
           ☐  +  ☐
              ↓
           ☐
```

⑤
```
  2 8  →  ☐  +  ☐
+ 3 2  →  ☐  +  ☐
─────────  ☐  +  ☐
              ↓
           ☐
```

⑥
```
  1 7  →  ☐  +  ☐
+ 1 4  →  ☐  +  ☐
           ☐  +  ☐
              ↓
           ☐
```

 연습문제(4)

화살표를 따라 ☐ 안에 알맞은 수를 쓰세요.

①
```
  2 7  →  ☐  +  ☐
+ 4 9  →  ☐  +  ☐
─────     ☐  +  ☐
              ↓
            ☐
```

②
```
  2 5  →  ☐  +  ☐
+ 6 8  →  ☐  +  ☐
─────     ☐  +  ☐
              ↓
            ☐
```

③
```
  5 6  →  ☐  +  ☐
+ 2 7  →  ☐  +  ☐
─────     ☐  +  ☐
              ↓
            ☐
```

④
```
  4 3  →  ☐  +  ☐
+ 4 7  →  ☐  +  ☐
─────     ☐  +  ☐
              ↓
            ☐
```

⑤
```
  1 9  →  ☐  +  ☐
+ 3 3  →  ☐  +  ☐
─────     ☐  +  ☐
              ↓
            ☐
```

⑥
```
  4 2  →  ☐  +  ☐
+ 2 8  →  ☐  +  ☐
─────     ☐  +  ☐
              ↓
            ☐
```

55

3단계 **펼쳐서 더하기**

(두 자리 수) + (두 자리 수) ②

두 자리 수를 (몇십)과 (몇)으로 펼친 다음, 십의 자리 수와
일의 자리 수를 끼리끼리 더합니다.

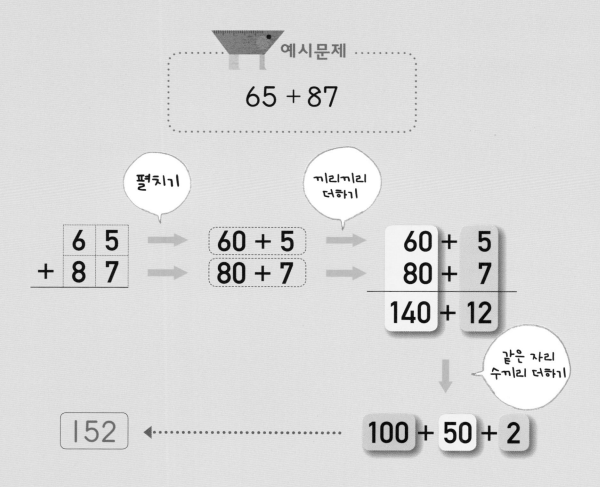

예시문제

65 + 87

펼치기

끼리끼리
더하기

	6	5
+	8	7

→ 60 + 5
→ 80 + 7

→ 60 + 5
   80 + 7
   ─────────
   140 + 12

같은 자리
수끼리 더하기

152 ◀┄┄┄┄┄┄┄┄┄┄┄┄┄ 100 + 50 + 2

 핵심 포인트 140+12를 좀 더 펼치면 100+40+10+2가 됩니다. 이것을 각 자리 수끼리
더하면 100+50+2가 됩니다.

도전문제(1)

39 + 85

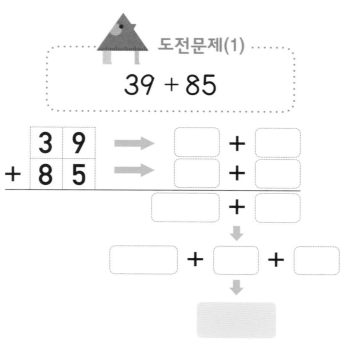

도전문제(2)

66 + 75

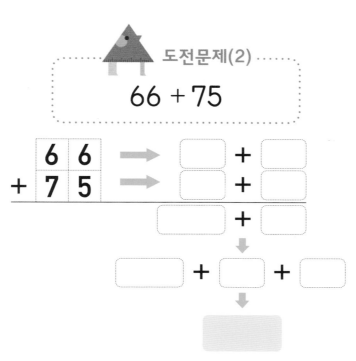

연습문제(1)

화살표를 따라 ☐ 안에 알맞은 수를 쓰세요.

①
```
  3 7  →  ☐  +  ☐
+ 8 7  →  ☐  +  ☐
         ☐  +  ☐
            ↓
           ☐
```

②
```
  8 5  →  ☐  +  ☐
+ 4 9  →  ☐  +  ☐
         ☐  +  ☐
            ↓
           ☐
```

③
```
  4 4  →  ☐  +  ☐
+ 7 6  →  ☐  +  ☐
         ☐  +  ☐
            ↓
           ☐
```

④
```
  7 6  →  ☐  +  ☐
+ 6 8  →  ☐  +  ☐
         ☐  +  ☐
            ↓
           ☐
```

⑤
```
  9 9  →  ☐  +  ☐
+ 5 9  →  ☐  +  ☐
         ☐  +  ☐
            ↓
           ☐
```

⑥
```
  6 8  →  ☐  +  ☐
+ 6 3  →  ☐  +  ☐
         ☐  +  ☐
            ↓
           ☐
```

 연습문제(2)

화살표를 따라 ☐ 안에 알맞은 수를 쓰세요.

① 76 → ☐ + ☐
  +89 → ☐ + ☐
        ☐ + ☐

② 28 → ☐ + ☐
  +98 → ☐ + ☐
        ☐ + ☐

③ 56 → ☐ + ☐
  +54 → ☐ + ☐
        ☐ + ☐

④ 98 → ☐ + ☐
  +85 → ☐ + ☐
        ☐ + ☐

⑤ 39 → ☐ + ☐
  +76 → ☐ + ☐
        ☐ + ☐

⑥ 74 → ☐ + ☐
  +59 → ☐ + ☐
        ☐ + ☐

3단계 펼쳐서 더하기

연습문제(3)

화살표를 따라 ☐ 안에 알맞은 수를 쓰세요.

①
$$\begin{array}{r} 7\,9 \\ +\,9\,2 \end{array}$$
→ ☐ + ☐
→ ☐ + ☐
☐ + ☐

②
$$\begin{array}{r} 6\,8 \\ +\,5\,9 \end{array}$$
→ ☐ + ☐
→ ☐ + ☐
☐ + ☐

③
$$\begin{array}{r} 5\,3 \\ +\,6\,9 \end{array}$$
→ ☐ + ☐
→ ☐ + ☐
☐ + ☐

④
$$\begin{array}{r} 9\,8 \\ +\,1\,4 \end{array}$$
→ ☐ + ☐
→ ☐ + ☐
☐ + ☐

⑤
$$\begin{array}{r} 8\,9 \\ +\,2\,4 \end{array}$$
→ ☐ + ☐
→ ☐ + ☐
☐ + ☐

⑥
$$\begin{array}{r} 7\,8 \\ +\,4\,6 \end{array}$$
→ ☐ + ☐
→ ☐ + ☐
☐ + ☐

 연습문제(4)

화살표를 따라 ☐ 안에 알맞은 수를 쓰세요.

①
$$
\begin{array}{r}
8\ 1 \\
+\ 5\ 9 \\
\end{array}
$$
→ ☐ + ☐
→ ☐ + ☐
☐ + ☐
↓
☐

②
$$
\begin{array}{r}
6\ 8 \\
+\ 7\ 7 \\
\end{array}
$$
→ ☐ + ☐
→ ☐ + ☐
☐ + ☐
↓
☐

③
$$
\begin{array}{r}
3\ 3 \\
+\ 7\ 8 \\
\end{array}
$$
→ ☐ + ☐
→ ☐ + ☐
☐ + ☐
↓
☐

④
$$
\begin{array}{r}
3\ 9 \\
+\ 9\ 5 \\
\end{array}
$$
→ ☐ + ☐
→ ☐ + ☐
☐ + ☐
↓
☐

⑤
$$
\begin{array}{r}
2\ 9 \\
+\ 8\ 7 \\
\end{array}
$$
→ ☐ + ☐
→ ☐ + ☐
☐ + ☐
↓
☐

⑥
$$
\begin{array}{r}
7\ 6 \\
+\ 7\ 5 \\
\end{array}
$$
→ ☐ + ☐
→ ☐ + ☐
☐ + ☐
↓
☐

61

연습문제(5)

화살표를 따라 ☐ 안에 알맞은 수를 쓰세요.

①
$$
\begin{array}{r}
7\ 5 \\
+\ 7\ 9 \\
\end{array}
$$
→ ☐ + ☐
→ ☐ + ☐
☐ + ☐

②
$$
\begin{array}{r}
4\ 6 \\
+\ 6\ 8 \\
\end{array}
$$
→ ☐ + ☐
→ ☐ + ☐
☐ + ☐

③
$$
\begin{array}{r}
9\ 8 \\
+\ 9\ 3 \\
\end{array}
$$
→ ☐ + ☐
→ ☐ + ☐
☐ + ☐

④
$$
\begin{array}{r}
6\ 8 \\
+\ 9\ 8 \\
\end{array}
$$
→ ☐ + ☐
→ ☐ + ☐
☐ + ☐

⑤
$$
\begin{array}{r}
6\ 8 \\
+\ 4\ 5 \\
\end{array}
$$
→ ☐ + ☐
→ ☐ + ☐
☐ + ☐

⑥
$$
\begin{array}{r}
9\ 4 \\
+\ 6\ 9 \\
\end{array}
$$
→ ☐ + ☐
→ ☐ + ☐
☐ + ☐

 연습문제(6)

화살표를 따라 ☐ 안에 알맞은 수를 쓰세요.

①
```
  9 8  →  ☐  +  ☐
+ 2 9  →  ☐  +  ☐
              ☐  +  ☐
                  ↓
                 ☐
```

②
```
  3 8  →  ☐  +  ☐
+ 9 4  →  ☐  +  ☐
              ☐  +  ☐
                  ↓
                 ☐
```

③
```
  9 8  →  ☐  +  ☐
+ 4 6  →  ☐  +  ☐
              ☐  +  ☐
                  ↓
                 ☐
```

④
```
  1 8  →  ☐  +  ☐
+ 9 7  →  ☐  +  ☐
              ☐  +  ☐
                  ↓
                 ☐
```

⑤
```
  6 6  →  ☐  +  ☐
+ 7 7  →  ☐  +  ☐
              ☐  +  ☐
                  ↓
                 ☐
```

⑥
```
  3 8  →  ☐  +  ☐
+ 8 4  →  ☐  +  ☐
              ☐  +  ☐
                  ↓
                 ☐
```

63

연습문제(7)

화살표를 따라 ☐ 안에 알맞은 수를 쓰세요.

①
```
  4 7  →  ☐  +  ☐
+ 7 8  →  ☐  +  ☐
         ☐  +  ☐
            ☐
```

②
```
  3 5  →  ☐  +  ☐
+ 7 6  →  ☐  +  ☐
         ☐  +  ☐
            ☐
```

③
```
  5 9  →  ☐  +  ☐
+ 5 7  →  ☐  +  ☐
         ☐  +  ☐
            ☐
```

④
```
  9 9  →  ☐  +  ☐
+ 1 8  →  ☐  +  ☐
         ☐  +  ☐
            ☐
```

⑤
```
  3 9  →  ☐  +  ☐
+ 7 3  →  ☐  +  ☐
         ☐  +  ☐
            ☐
```

⑥
```
  4 6  →  ☐  +  ☐
+ 6 8  →  ☐  +  ☐
         ☐  +  ☐
            ☐
```

 연습문제(8)

화살표를 따라 ☐ 안에 알맞은 수를 쓰세요.

①
```
  7 4  →  ☐  +  ☐
+ 8 7  →  ☐  +  ☐
         ☐  +  ☐
            ↓
         ☐
```

②
```
  5 3  →  ☐  +  ☐
+ 6 7  →  ☐  +  ☐
         ☐  +  ☐
            ↓
         ☐
```

③
```
  3 3  →  ☐  +  ☐
+ 7 7  →  ☐  +  ☐
         ☐  +  ☐
            ↓
         ☐
```

④
```
  9 5  →  ☐  +  ☐
+ 7 5  →  ☐  +  ☐
         ☐  +  ☐
            ↓
         ☐
```

⑤
```
  6 6  →  ☐  +  ☐
+ 4 8  →  ☐  +  ☐
         ☐  +  ☐
            ↓
         ☐
```

⑥
```
  9 7  →  ☐  +  ☐
+ 3 3  →  ☐  +  ☐
         ☐  +  ☐
            ↓
         ☐
```

3단계 펼쳐서 더하기

(세 자리 수) + (세 자리 수) ①

두 수를 각 자리 수로 펼친 다음, 백의 자리 수는 백의 자리 수끼리, 십의 자리 수는 십의 자리 수끼리, 일의 자리 수는 일의 자리 수끼리 더합니다.

예시문제

$$354 + 189$$

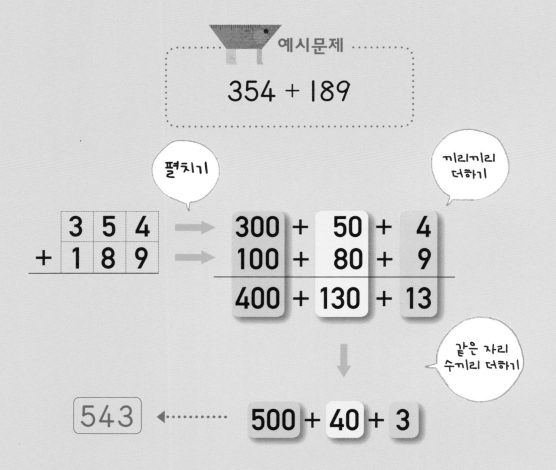

펼치기

끼리끼리 더하기

3	5	4
+ 1	8	9

$$300 + 50 + 4$$
$$100 + 80 + 9$$
$$400 + 130 + 13$$

같은 자리 수끼리 더하기

$$543$$ ← $$500 + 40 + 3$$

 핵심 포인트 400+130+13을 좀 더 펼치면 400+100+30+10+3이 됩니다.
이것을 각 자리 수끼리 더하면 500+40+3이 됩니다.

도전문제(1)

268 + 379

2	6	8
+ 3	7	9

⟶ ☐ + ☐ + ☐

⟶ ☐ + ☐ + ☐

☐ + ☐ + ☐

☐ + ☐ + ☐

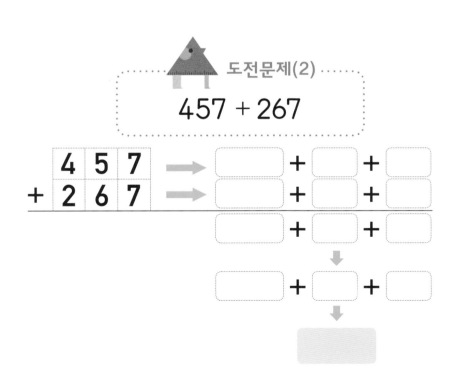

도전문제(2)

457 + 267

4	5	7
+ 2	6	7

⟶ ☐ + ☐ + ☐

⟶ ☐ + ☐ + ☐

☐ + ☐ + ☐

☐ + ☐ + ☐

3단계 펼쳐서 더하기

연습문제(1)

화살표를 따라 ☐ 안에 알맞은 수를 쓰세요.

①
$$
\begin{array}{r}
1\,8\,7 \\
+\ 2\,2\,4
\end{array}
$$

187 → ☐ + ☐ + ☐
+224 → ☐ + ☐ + ☐

☐ + ☐ + ☐

☐ + ☐ + ☐

☐

②
$$
\begin{array}{r}
1\,7\,5 \\
+\ 3\,9\,8
\end{array}
$$

175 → ☐ + ☐ + ☐
+398 → ☐ + ☐ + ☐

☐ + ☐ + ☐

☐ + ☐ + ☐

☐

 연습문제(2)

화살표를 따라 □ 안에 알맞은 수를 쓰세요.

①
$$
\begin{array}{r}
2\ 6\ 3 \\
+\ 4\ 7\ 7 \\
\end{array}
$$
→ ⬚ + ⬚ + ⬚

→ ⬚ + ⬚ + ⬚

⬚ + ⬚ + ⬚

⬚ + ⬚ + ⬚

⬚

②
$$
\begin{array}{r}
5\ 9\ 2 \\
+\ 1\ 3\ 8 \\
\end{array}
$$
→ ⬚ + ⬚ + ⬚

→ ⬚ + ⬚ + ⬚

⬚ + ⬚ + ⬚

⬚ + ⬚ + ⬚

⬚

69

3단계 펼쳐서 더하기

연습문제(3)

화살표를 따라 ☐ 안에 알맞은 수를 쓰세요.

①
$$
\begin{array}{r}
4\ 7\ 5 \\
+\ 3\ 7\ 9 \\
\hline
\end{array}
$$

→ ☐ + ☐ + ☐
→ ☐ + ☐ + ☐
☐ + ☐ + ☐

☐ + ☐ + ☐

☐

②
$$
\begin{array}{r}
2\ 4\ 6 \\
+\ 2\ 6\ 8 \\
\hline
\end{array}
$$

→ ☐ + ☐ + ☐
→ ☐ + ☐ + ☐
☐ + ☐ + ☐

☐ + ☐ + ☐

☐

 연습문제(4)

화살표를 따라 ☐ 안에 알맞은 수를 쓰세요.

①

| | 1 | 9 | 8 | → | ☐ + ☐ + ☐ |
| + | 4 | 9 | 3 | → | ☐ + ☐ + ☐ |

☐ + ☐ + ☐

↓

☐ + ☐ + ☐

↓

☐

②

| | 3 | 6 | 8 | → | ☐ + ☐ + ☐ |
| + | 3 | 9 | 8 | → | ☐ + ☐ + ☐ |

☐ + ☐ + ☐

↓

☐ + ☐ + ☐

↓

☐

연습문제(5)

화살표를 따라 ☐ 안에 알맞은 수를 쓰세요.

①
| | 2 | 6 | 8 | → ☐ + ☐ + ☐ |
| + | 2 | 4 | 5 | → ☐ + ☐ + ☐ |

☐ + ☐ + ☐

↓

☐ + ☐ + ☐

↓

☐

②
| | 2 | 9 | 4 | → ☐ + ☐ + ☐ |
| + | 3 | 6 | 9 | → ☐ + ☐ + ☐ |

☐ + ☐ + ☐

↓

☐ + ☐ + ☐

↓

☐

 연습문제(6)

화살표를 따라 ☐ 안에 알맞은 수를 쓰세요.

①
| 1 | 9 | 8 | → | ☐ | + | ☐ | + | ☐ |
| + 4 | 2 | 9 | → | ☐ | + | ☐ | + | ☐ |

☐ + ☐ + ☐

⬇

☐ + ☐ + ☐

⬇

②
| 5 | 3 | 8 | → | ☐ | + | ☐ | + | ☐ |
| + 2 | 9 | 4 | → | ☐ | + | ☐ | + | ☐ |

☐ + ☐ + ☐

⬇

☐ + ☐ + ☐

⬇

연습문제(7)

화살표를 따라 ☐ 안에 알맞은 수를 쓰세요.

①
$$
\begin{array}{r}
1\,9\,8 \\
+\,2\,4\,6 \\
\end{array}
$$
→ ☐ + ☐ + ☐
→ ☐ + ☐ + ☐
☐ + ☐ + ☐

☐ + ☐ + ☐

☐

②
$$
\begin{array}{r}
3\,1\,8 \\
+\,1\,9\,7 \\
\end{array}
$$
→ ☐ + ☐ + ☐
→ ☐ + ☐ + ☐
☐ + ☐ + ☐

☐ + ☐ + ☐

☐

 연습문제(8)

화살표를 따라 ☐ 안에 알맞은 수를 쓰세요.

①
```
  2 3 9  →
+ 4 8 5  →
```
☐ + ☐ + ☐
☐ + ☐ + ☐
☐ + ☐ + ☐

☐ + ☐ + ☐

②
```
  1 8 6  →
+ 3 4 6  →
```
☐ + ☐ + ☐
☐ + ☐ + ☐
☐ + ☐ + ☐

☐ + ☐ + ☐

+ **3**단계 펼쳐서 더하기

(세 자리 수) + (세 자리 수) ②

두 수를 각 자리 수로 펼친 다음, 백의 자리 수는 백의 자리 수끼리,
십의 자리 수는 십의 자리 수끼리, 일의 자리 수는 일의 자리
수끼리 더합니다.

예시문제

$$658 + 987$$

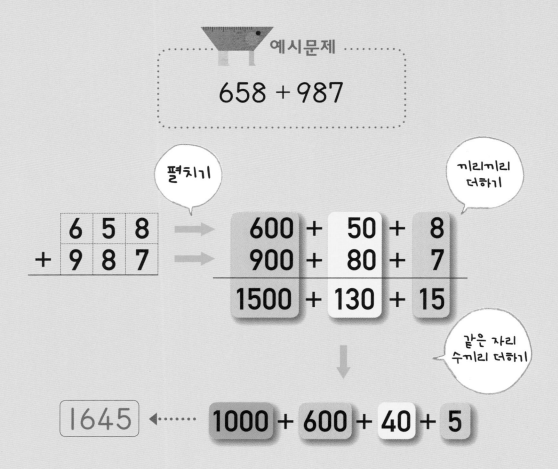

펼치기

끼리끼리 더하기

$$
\begin{array}{r}
6\ 5\ 8 \\
+\ 9\ 8\ 7
\end{array}
\longrightarrow
\begin{array}{ccc}
600 & + & 50 & + & 8 \\
900 & + & 80 & + & 7 \\
\hline
1500 & + & 130 & + & 15
\end{array}
$$

같은 자리 수끼리 더하기

$$1645 \longleftarrow 1000 + 600 + 40 + 5$$

 핵심 포인트 1500+130+15를 좀 더 펼치면 1000+500+100+30+10+5가 됩니다.
이것을 각 자리 수끼리 더하면 1000+600+40+5가 됩니다.

도전문제(1)

$$643 + 578$$

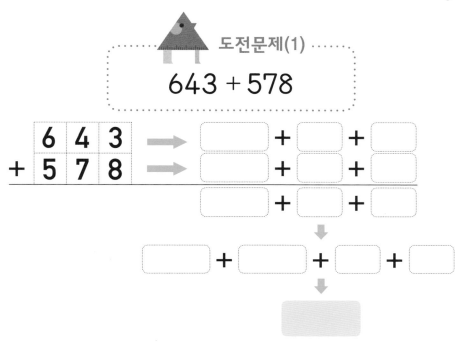

도전문제(2)

$$459 + 767$$

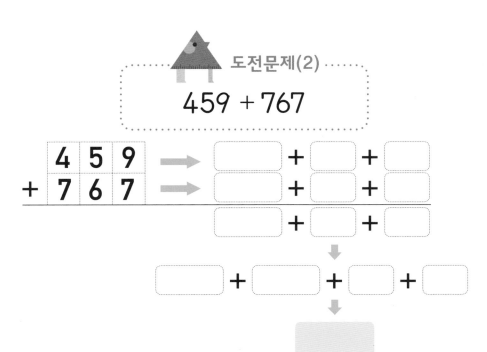

펼쳐서 더하기

연습문제(1)

화살표를 따라 ☐ 안에 알맞은 수를 쓰세요.

①
$$
\begin{array}{r}
6\ 9\ 9 \\
+\ 4\ 2\ 4 \\
\end{array}
$$
→ ☐ + ☐ + ☐
→ ☐ + ☐ + ☐

☐ + ☐ + ☐

☐ + ☐ + ☐ + ☐

☐

②
$$
\begin{array}{r}
8\ 8\ 8 \\
+\ 5\ 9\ 6 \\
\end{array}
$$
→ ☐ + ☐ + ☐
→ ☐ + ☐ + ☐

☐ + ☐ + ☐

☐ + ☐ + ☐ + ☐

☐

78

 연습문제(2)

화살표를 따라 ☐ 안에 알맞은 수를 쓰세요.

①
$$
\begin{array}{r}
9\ 3\ 1 \\
+\ 6\ 9\ 9
\end{array}
$$
→ ☐ + ☐ + ☐
→ ☐ + ☐ + ☐

☐ + ☐ + ☐

☐ + ☐ + ☐ + ☐

②
$$
\begin{array}{r}
4\ 8\ 8 \\
+\ 9\ 4\ 7
\end{array}
$$
→ ☐ + ☐ + ☐
→ ☐ + ☐ + ☐

☐ + ☐ + ☐

☐ + ☐ + ☐ + ☐

79

3단계 펼쳐서 더하기

연습문제(3)

화살표를 따라 ☐ 안에 알맞은 수를 쓰세요.

①
$$
\begin{array}{r}
7\ 8\ 7 \\
+\ 4\ 2\ 9
\end{array}
$$

☐ + ☐ + ☐
☐ + ☐ + ☐
─────────────
☐ + ☐ + ☐

☐ + ☐ + ☐ + ☐

☐

②
$$
\begin{array}{r}
5\ 6\ 3 \\
+\ 8\ 7\ 7
\end{array}
$$

☐ + ☐ + ☐
☐ + ☐ + ☐
─────────────
☐ + ☐ + ☐

☐ + ☐ + ☐ + ☐

☐

 연습문제(4)

화살표를 따라 ☐ 안에 알맞은 수를 쓰세요.

①

$$
\begin{array}{r}
927 \\
+\ 387
\end{array}
$$

→ ☐ + ☐ + ☐

→ ☐ + ☐ + ☐

☐ + ☐ + ☐

☐ + ☐ + ☐ + ☐

☐

②

$$
\begin{array}{r}
546 \\
+\ 948
\end{array}
$$

→ ☐ + ☐ + ☐

→ ☐ + ☐ + ☐

☐ + ☐ + ☐

☐ + ☐ + ☐ + ☐

☐

3단계 펼쳐서 더하기

연습문제(5)

화살표를 따라 ☐ 안에 알맞은 수를 쓰세요.

①
$$
\begin{array}{r}
9\ 8\ 6 \\
+\ 9\ 3\ 9 \\
\end{array}
$$
→ ☐ + ☐ + ☐
→ ☐ + ☐ + ☐
☐ + ☐ + ☐

☐ + ☐ + ☐ + ☐

☐

②
$$
\begin{array}{r}
8\ 3\ 8 \\
+\ 8\ 8\ 4 \\
\end{array}
$$
→ ☐ + ☐ + ☐
→ ☐ + ☐ + ☐
☐ + ☐ + ☐

☐ + ☐ + ☐ + ☐

☐

펼쳐서 더하기 **3**단계

연습문제(6)

화살표를 따라 ☐ 안에 알맞은 수를 쓰세요.

①
4	7	9
+ 7	6	5

→ ☐ + ☐ + ☐
→ ☐ + ☐ + ☐

☐ + ☐ + ☐

☐ + ☐ + ☐ + ☐

☐

②
6	7	2
+ 6	8	9

→ ☐ + ☐ + ☐
→ ☐ + ☐ + ☐

☐ + ☐ + ☐

☐ + ☐ + ☐ + ☐

☐

3단계 펼쳐서 더하기

화살표를 따라 ☐ 안에 알맞은 수를 쓰세요.

①
|5|9|3| → ☐ + ☐ + ☐
+|5|8|7| → ☐ + ☐ + ☐
_____
☐ + ☐ + ☐

☐ + ☐ + ☐ + ☐

☐

②
|7|9|6| → ☐ + ☐ + ☐
+|5|7|5| → ☐ + ☐ + ☐
_____
☐ + ☐ + ☐

☐ + ☐ + ☐ + ☐

☐

 연습문제(8)

화살표를 따라 ☐ 안에 알맞은 수를 쓰세요.

①
| 5 | 9 | 8 | → ☐ + ☐ + ☐
| + 6 | 1 | 2 | → ☐ + ☐ + ☐

☐ + ☐ + ☐

☐ + ☐ + ☐ + ☐

②
| 7 | 5 | 8 | → ☐ + ☐ + ☐
| + 4 | 9 | 8 | → ☐ + ☐ + ☐

☐ + ☐ + ☐

☐ + ☐ + ☐ + ☐

3단계 펼쳐서 더하기

연습문제(9)

화살표를 따라 ☐ 안에 알맞은 수를 쓰세요.

①
$$
\begin{array}{r}
7\ 5\ 6 \\
+\ 3\ 8\ 4 \\
\end{array}
$$
→ ☐ + ☐ + ☐
→ ☐ + ☐ + ☐

☐ + ☐ + ☐

☐ + ☐ + ☐ + ☐

②
$$
\begin{array}{r}
7\ 8\ 5 \\
+\ 7\ 8\ 5 \\
\end{array}
$$
→ ☐ + ☐ + ☐
→ ☐ + ☐ + ☐

☐ + ☐ + ☐

☐ + ☐ + ☐ + ☐

4단계

암산하기

4단계 암산하기

펼쳐서 더하기 과정을 쓰지 않고 간단히 답만 씁니다.

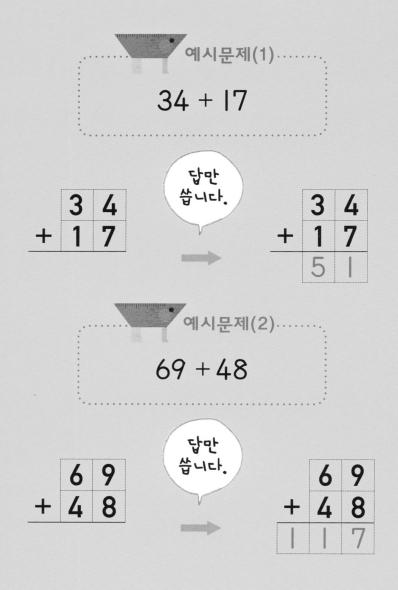

 핵심 포인트 한 자리 수끼리의 덧셈을 잘 기억해 보세요!

도전문제(1)

354 + 187

```
    3 5 4
  + 1 8 7
```

답만 씁니다.

```
    3 5 4
  + 1 8 7
  ─────────
```

도전문제(2)

654 + 987

```
    6 5 4
  + 9 8 7
```

답만 씁니다.

```
    6 5 4
  + 9 8 7
  ─────────
```

암산하기

연습문제(1)

①
```
  3 3
+ 2 8
```

②
```
  2 8
+ 4 4
```

③
```
  3 9
+ 4 8
```

④
```
  2 6
+ 4 7
```

⑤
```
  7 9
+ 4 5
```

⑥
```
  2 6
+ 7 6
```

⑦
```
  6 7
+ 8 8
```

⑧
```
  4 2
+ 6 9
```

⑨
```
  8 5
+ 8 5
```

⑩
```
  6 4
+ 3 7
```

⑪
```
  1 3
+ 9 7
```

⑫
```
  8 7
+ 9 5
```

⑬
```
  6 9
+ 4 7
```

⑭
```
  9 6
+ 4 5
```

⑮
```
  7 5
+ 3 6
```

⑯
```
  4 9
+ 7 1
```

 연습문제(2)

①
```
    8 8
 +  2 2
```

②
```
    7 7
 +  4 4
```

③
```
    7 7
 +  9 9
```

④
```
    5 5
 +  8 8
```

⑤
```
    5 7
 +  4 6
```

⑥
```
    1 3
 +  9 7
```

⑦
```
    4 9
 +  8 3
```

⑧
```
    3 2
 +  8 8
```

⑨
```
    6 7
 +  6 7
```

⑩
```
    9 5
 +  5 9
```

⑪
```
    7 4
 +  9 6
```

⑫
```
    5 6
 +  8 8
```

⑬
```
    6 9
 +  7 9
```

⑭
```
    3 8
 +  7 3
```

⑮
```
    5 6
 +  8 9
```

⑯
```
    3 8
 +  9 8
```

91

암산하기

연습문제(3)

①
```
  3 8
+ 4 7
```

②
```
  2 8
+ 6 5
```

③
```
  2 9
+ 6 6
```

④
```
  3 4
+ 5 9
```

⑤
```
  7 9
+ 9 2
```

⑥
```
  9 8
+ 5 9
```

⑦
```
  6 3
+ 6 9
```

⑧
```
  4 8
+ 7 4
```

⑨
```
  5 9
+ 8 4
```

⑩
```
  5 8
+ 9 6
```

⑪
```
  1 1
+ 9 9
```

⑫
```
  3 6
+ 8 4
```

⑬
```
  4 7
+ 7 6
```

⑭
```
  6 3
+ 9 8
```

⑮
```
  5 5
+ 5 5
```

⑯
```
  8 2
+ 7 8
```

 연습문제(4)

①
```
    5 9 3
+   5 8 7
─────────
```

②
```
    9 6 7
+   5 6 8
─────────
```

③
```
    8 4 7
+   4 7 6
─────────
```

④
```
    3 2 7
+   8 9 5
─────────
```

⑤
```
    9 6 5
+   7 5 6
─────────
```

⑥
```
    9 8 7
+   1 2 4
─────────
```

⑦
```
    7 5 6
+   9 8 7
─────────
```

⑧
```
    3 9 2
+   7 3 8
─────────
```

⑨
```
    7 5 4
+   7 9 6
─────────
```

⑩
```
    6 9 8
+   8 9 3
─────────
```

⑪
```
    6 8 6
+   9 8 4
─────────
```

⑫
```
    8 9 4
+   5 6 9
─────────
```

93

암산하기

 연습문제(5)

①
```
  9 8 3
+ 2 9 9
```

②
```
  8 9 8
+ 4 4 6
```

③
```
  1 8 3
+ 9 7 8
```

④
```
  8 6 9
+ 4 6 8
```

⑤
```
  6 4 7
+ 5 7 8
```

⑥
```
  3 5 7
+ 7 6 6
```

⑦
```
  2 7 9
+ 9 5 1
```

⑧
```
  8 6 7
+ 2 7 7
```

⑨
```
  9 7 3
+ 9 4 7
```

⑩
```
  5 8 7
+ 9 3 9
```

⑪
```
  9 4 6
+ 3 6 9
```

⑫
```
  5 2 6
+ 8 8 8
```

연습문제(6)

①
```
  6 8 1
+ 4 9 9
```

②
```
  8 9 9
+ 5 2 4
```

③
```
  4 9 3
+ 9 6 9
```

④
```
  8 8 1
+ 4 7 9
```

⑤
```
  8 3 4
+ 2 7 6
```

⑥
```
  7 3 7
+ 9 7 7
```

⑦
```
  5 4 6
+ 9 6 8
```

⑧
```
  9 8 7
+ 9 3 9
```

⑨
```
  5 9 5
+ 8 3 9
```

⑩
```
  6 7 4
+ 7 4 8
```

⑪
```
  9 6 4
+ 7 5 7
```

⑫
```
  7 7 7
+ 6 8 5
```

암산하기

 연습문제(7)

①
```
  8 4 7
+ 4 7 6
```

②
```
  9 6 5
+ 7 5 6
```

③
```
  6 8 6
+ 9 8 7
```

④
```
  1 8 3
+ 9 9 9
```

⑤
```
  4 6 8
+ 8 6 9
```

⑥
```
  2 7 7
+ 8 6 8
```

⑦
```
  8 8 8
+ 6 6 6
```

⑧
```
  4 9 9
+ 6 8 3
```

⑨
```
  5 4 6
+ 9 6 8
```

⑩
```
  7 4 8
+ 6 7 6
```

⑪
```
  2 7 6
+ 8 5 4
```

⑫
```
  9 7 7
+ 7 7 5
```

정답

짝짓기 1단계

도전문제 **10** 만들기

서로 만나 10이 되는 수를 ☐ 안에 써 보세요.

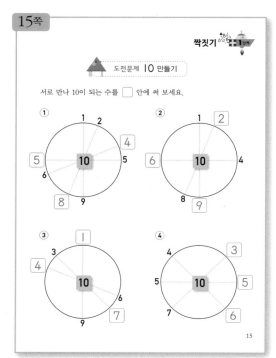

15

짝짓기 1단계

도전문제 **11** 만들기

서로 만나 11이 되는 수를 ☐ 안에 써 보세요.

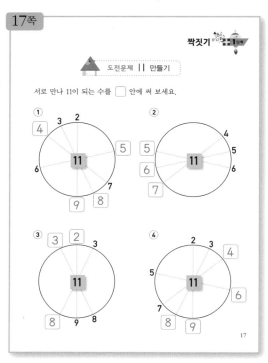

17

짝짓기 1단계

도전문제 **12** 만들기

서로 만나 12가 되는 수를 ☐ 안에 써 보세요.

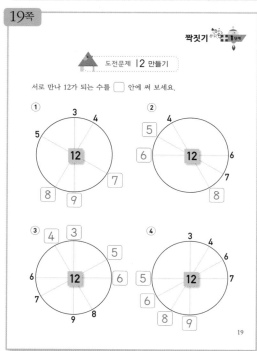

19

짝짓기 1단계

도전문제 **13** 만들기

서로 만나 13이 되는 수를 ☐ 안에 써 보세요.

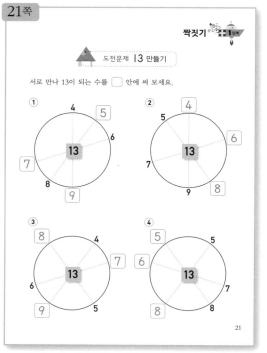

21

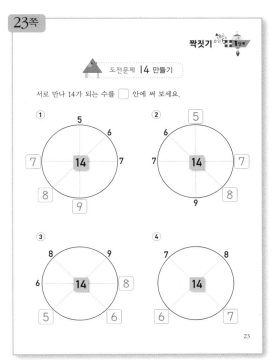

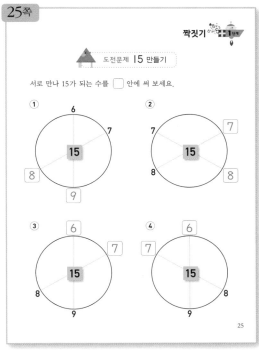

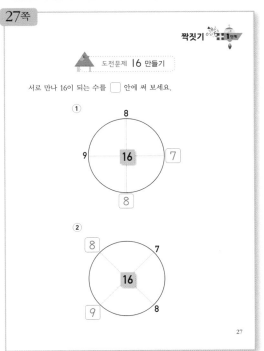

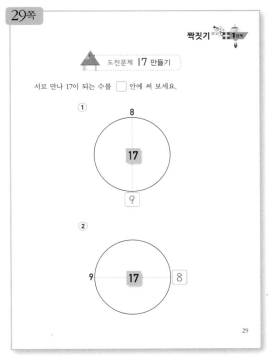

1단계 짝짓기

연습문제

서로 만나 가운데 수가 되는 수를 ☐ 안에 써 보세요.

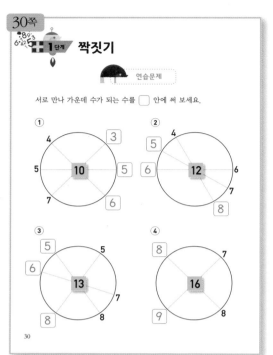

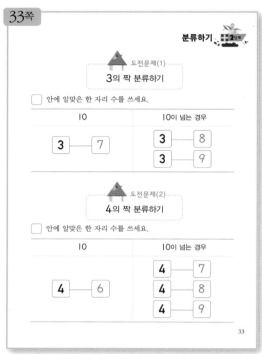

30

분류하기 2단계

도전문제(1)

3의 짝 분류하기

☐ 안에 알맞은 한 자리 수를 쓰세요.

10	10이 넘는 경우
3 — 7	3 — 8
	3 — 9

도전문제(2)

4의 짝 분류하기

☐ 안에 알맞은 한 자리 수를 쓰세요.

10	10이 넘는 경우
	4 — 7
4 — 6	4 — 8
	4 — 9

33

2단계 분류하기

도전문제(3)

5의 짝 분류하기

☐ 안에 알맞은 한 자리 수를 쓰세요.

10	10이 넘는 경우
	5 — 6
	5 — 7
5 — 5	5 — 8
	5 — 9

34

분류하기 2단계

도전문제(4)

6의 짝 분류하기

☐ 안에 알맞은 한 자리 수를 쓰세요.

10	10이 넘는 경우
	6 — 5
	6 — 6
6 — 4	6 — 7
	6 — 8
	6 — 9

35

100

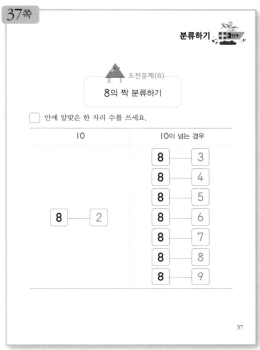

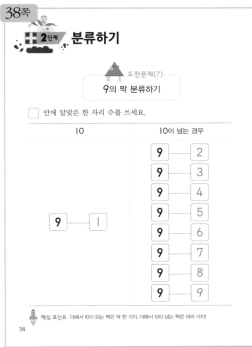

2단계 분류하기

연습문제(2)

□ 안에 알맞은 수를 쓰세요.

① 3 + 7 = 10   ⑦ 9 + 6 = 15

② 6 + 5 = 11   ⑧ 5 + 5 = 10

③ 2 + 8 = 10   ⑨ 7 + 6 = 13

④ 9 + 3 = 12   ⑩ 2 + 9 = 11

⑤ 4 + 8 = 12   ⑪ 5 + 8 = 13

⑥ 7 + 7 = 14   ⑫ 8 + 6 = 14

40

펼쳐서 더하기 3단계

연습문제(1)

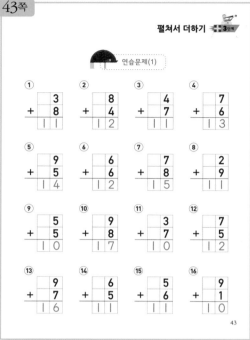

①
```
   3
+  8
 1 1
```
②
```
   8
+  4
 1 2
```
③
```
   4
+  7
 1 1
```
④
```
   7
+  6
 1 3
```

⑤
```
   9
+  5
 1 4
```
⑥
```
   6
+  6
 1 2
```
⑦
```
   7
+  8
 1 5
```
⑧
```
   2
+  9
 1 1
```

⑨
```
   5
+  5
 1 0
```
⑩
```
   9
+  8
 1 7
```
⑪
```
   3
+  7
 1 0
```
⑫
```
   7
+  5
 1 2
```

⑬
```
   9
+  7
 1 6
```
⑭
```
   6
+  5
 1 1
```
⑮
```
   5
+  6
 1 1
```
⑯
```
   9
+  1
 1 0
```

43

3단계 펼쳐서 더하기

연습문제(2)

①
```
   8
+  2
 1 0
```
②
```
   7
+  4
 1 1
```
③
```
   7
+  9
 1 6
```
④
```
   5
+  8
 1 3
```

⑤
```
   6
+  7
 1 3
```
⑥
```
   3
+  7
 1 0
```
⑦
```
   9
+  3
 1 2
```
⑧
```
   2
+  8
 1 0
```

⑨
```
   7
+  7
 1 4
```
⑩
```
   5
+  9
 1 4
```
⑪
```
   4
+  6
 1 0
```
⑫
```
   6
+  8
 1 4
```

⑬
```
   9
+  9
 1 8
```
⑭
```
   8
+  3
 1 1
```
⑮
```
   6
+  9
 1 5
```
⑯
```
   8
+  8
 1 6
```

44

펼쳐서 더하기 3단계

연습문제(3)

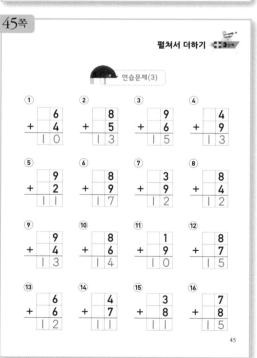

①
```
   6
+  4
 1 0
```
②
```
   8
+  5
 1 3
```
③
```
   9
+  6
 1 5
```
④
```
   4
+  9
 1 3
```

⑤
```
   9
+  2
 1 1
```
⑥
```
   8
+  9
 1 7
```
⑦
```
   3
+  9
 1 2
```
⑧
```
   8
+  4
 1 2
```

⑨
```
   9
+  4
 1 3
```
⑩
```
   8
+  6
 1 4
```
⑪
```
   1
+  9
 1 0
```
⑫
```
   8
+  7
 1 5
```

⑬
```
   6
+  6
 1 2
```
⑭
```
   4
+  7
 1 1
```
⑮
```
   3
+  8
 1 1
```
⑯
```
   7
+  8
 1 5
```

45

46쪽

3단계 펼쳐서 더하기

연습문제(4)

①
$$
\begin{array}{r} 6\,0 \\ +\,4\,0 \\ \hline 1\,0\,0 \end{array}
$$

②
$$
\begin{array}{r} 8\,0 \\ +\,5\,0 \\ \hline 1\,3\,0 \end{array}
$$

③
$$
\begin{array}{r} 9\,0 \\ +\,6\,0 \\ \hline 1\,5\,0 \end{array}
$$

④
$$
\begin{array}{r} 3\,0 \\ +\,9\,0 \\ \hline 1\,2\,0 \end{array}
$$

⑤
$$
\begin{array}{r} 6\,0 \\ +\,7\,0 \\ \hline 1\,3\,0 \end{array}
$$

⑥
$$
\begin{array}{r} 2\,0 \\ +\,8\,0 \\ \hline 1\,0\,0 \end{array}
$$

⑦
$$
\begin{array}{r} 7\,0 \\ +\,4\,0 \\ \hline 1\,1\,0 \end{array}
$$

⑧
$$
\begin{array}{r} 5\,0 \\ +\,8\,0 \\ \hline 1\,3\,0 \end{array}
$$

⑨
$$
\begin{array}{r} 5\,0 \\ +\,5\,0 \\ \hline 1\,0\,0 \end{array}
$$

⑩
$$
\begin{array}{r} 1\,0 \\ +\,9\,0 \\ \hline 1\,0\,0 \end{array}
$$

⑪
$$
\begin{array}{r} 8\,0 \\ +\,6\,0 \\ \hline 1\,4\,0 \end{array}
$$

⑫
$$
\begin{array}{r} 3\,0 \\ +\,8\,0 \\ \hline 1\,1\,0 \end{array}
$$

46

47쪽

펼쳐서 더하기 3단계

연습문제(5)

①
$$
\begin{array}{r} 4\,0 \\ +\,7\,0 \\ \hline 1\,1\,0 \end{array}
$$

②
$$
\begin{array}{r} 7\,0 \\ +\,6\,0 \\ \hline 1\,3\,0 \end{array}
$$

③
$$
\begin{array}{r} 9\,0 \\ +\,5\,0 \\ \hline 1\,4\,0 \end{array}
$$

④
$$
\begin{array}{r} 6\,0 \\ +\,8\,0 \\ \hline 1\,4\,0 \end{array}
$$

⑤
$$
\begin{array}{r} 7\,0 \\ +\,8\,0 \\ \hline 1\,5\,0 \end{array}
$$

⑥
$$
\begin{array}{r} 2\,0 \\ +\,9\,0 \\ \hline 1\,1\,0 \end{array}
$$

⑦
$$
\begin{array}{r} 9\,0 \\ +\,8\,0 \\ \hline 1\,7\,0 \end{array}
$$

⑧
$$
\begin{array}{r} 6\,0 \\ +\,5\,0 \\ \hline 1\,1\,0 \end{array}
$$

⑨
$$
\begin{array}{r} 6\,0 \\ +\,6\,0 \\ \hline 1\,2\,0 \end{array}
$$

⑩
$$
\begin{array}{r} 7\,0 \\ +\,7\,0 \\ \hline 1\,4\,0 \end{array}
$$

⑪
$$
\begin{array}{r} 8\,0 \\ +\,8\,0 \\ \hline 1\,6\,0 \end{array}
$$

⑫
$$
\begin{array}{r} 9\,0 \\ +\,9\,0 \\ \hline 1\,8\,0 \end{array}
$$

47

48쪽

3단계 펼쳐서 더하기

연습문제(6)

①
$$
\begin{array}{r} 3\,0\,0 \\ +\,7\,0\,0 \\ \hline 1\,0\,0\,0 \end{array}
$$

②
$$
\begin{array}{r} 4\,0\,0 \\ +\,6\,0\,0 \\ \hline 1\,0\,0\,0 \end{array}
$$

③
$$
\begin{array}{r} 2\,0\,0 \\ +\,8\,0\,0 \\ \hline 1\,0\,0\,0 \end{array}
$$

④
$$
\begin{array}{r} 6\,0\,0 \\ +\,5\,0\,0 \\ \hline 1\,1\,0\,0 \end{array}
$$

⑤
$$
\begin{array}{r} 5\,0\,0 \\ +\,7\,0\,0 \\ \hline 1\,2\,0\,0 \end{array}
$$

⑥
$$
\begin{array}{r} 7\,0\,0 \\ +\,4\,0\,0 \\ \hline 1\,1\,0\,0 \end{array}
$$

⑦
$$
\begin{array}{r} 8\,0\,0 \\ +\,3\,0\,0 \\ \hline 1\,1\,0\,0 \end{array}
$$

⑧
$$
\begin{array}{r} 9\,0\,0 \\ +\,2\,0\,0 \\ \hline 1\,1\,0\,0 \end{array}
$$

⑨
$$
\begin{array}{r} 5\,0\,0 \\ +\,8\,0\,0 \\ \hline 1\,3\,0\,0 \end{array}
$$

⑩
$$
\begin{array}{r} 6\,0\,0 \\ +\,7\,0\,0 \\ \hline 1\,3\,0\,0 \end{array}
$$

⑪
$$
\begin{array}{r} 9\,0\,0 \\ +\,5\,0\,0 \\ \hline 1\,4\,0\,0 \end{array}
$$

⑫
$$
\begin{array}{r} 8\,0\,0 \\ +\,5\,0\,0 \\ \hline 1\,3\,0\,0 \end{array}
$$

48

49쪽

펼쳐서 더하기 3단계

연습문제(7)

①
$$
\begin{array}{r} 3\,0\,0 \\ +\,9\,0\,0 \\ \hline 1\,2\,0\,0 \end{array}
$$

②
$$
\begin{array}{r} 6\,0\,0 \\ +\,6\,0\,0 \\ \hline 1\,2\,0\,0 \end{array}
$$

③
$$
\begin{array}{r} 7\,0\,0 \\ +\,8\,0\,0 \\ \hline 1\,5\,0\,0 \end{array}
$$

④
$$
\begin{array}{r} 9\,0\,0 \\ +\,8\,0\,0 \\ \hline 1\,7\,0\,0 \end{array}
$$

⑤
$$
\begin{array}{r} 4\,0\,0 \\ +\,7\,0\,0 \\ \hline 1\,1\,0\,0 \end{array}
$$

⑥
$$
\begin{array}{r} 6\,0\,0 \\ +\,4\,0\,0 \\ \hline 1\,0\,0\,0 \end{array}
$$

⑦
$$
\begin{array}{r} 7\,0\,0 \\ +\,4\,0\,0 \\ \hline 1\,1\,0\,0 \end{array}
$$

⑧
$$
\begin{array}{r} 9\,0\,0 \\ +\,9\,0\,0 \\ \hline 1\,8\,0\,0 \end{array}
$$

⑨
$$
\begin{array}{r} 5\,0\,0 \\ +\,7\,0\,0 \\ \hline 1\,2\,0\,0 \end{array}
$$

⑩
$$
\begin{array}{r} 8\,0\,0 \\ +\,7\,0\,0 \\ \hline 1\,5\,0\,0 \end{array}
$$

⑪
$$
\begin{array}{r} 4\,0\,0 \\ +\,8\,0\,0 \\ \hline 1\,2\,0\,0 \end{array}
$$

⑫
$$
\begin{array}{r} 9\,0\,0 \\ +\,1\,0\,0 \\ \hline 1\,0\,0\,0 \end{array}
$$

49

펼쳐서 더하기 3단계

도전문제(1)

$$13 + 18$$

$$\begin{array}{r} 1\,3 \\ +\,1\,8 \end{array} \Rightarrow \begin{array}{r} 10 + 3 \\ 10 + 8 \\ \hline 20 + 11 \end{array}$$

↓

31

도전문제(2)

$$27 + 16$$

$$\begin{array}{r} 2\,7 \\ +\,1\,6 \end{array} \Rightarrow \begin{array}{r} 20 + 7 \\ 10 + 6 \\ \hline 30 + 13 \end{array}$$

↓

43

3단계 펼쳐서 더하기

연습문제(1)

화살표를 따라 □ 안에 알맞은 수를 쓰세요.

① $\begin{array}{r} 1\,3 \\ +\,2\,8 \end{array} \to \begin{array}{r} 10+3 \\ 20+8 \\ \hline 30+11 \end{array}$ → 41

② $\begin{array}{r} 2\,8 \\ +\,1\,4 \end{array} \to \begin{array}{r} 20+8 \\ 10+4 \\ \hline 30+12 \end{array}$ → 42

③ $\begin{array}{r} 1\,4 \\ +\,1\,7 \end{array} \to \begin{array}{r} 10+4 \\ 10+7 \\ \hline 20+11 \end{array}$ → 31

④ $\begin{array}{r} 2\,7 \\ +\,3\,6 \end{array} \to \begin{array}{r} 20+7 \\ 30+6 \\ \hline 50+13 \end{array}$ → 63

⑤ $\begin{array}{r} 1\,9 \\ +\,2\,5 \end{array} \to \begin{array}{r} 10+9 \\ 20+5 \\ \hline 30+14 \end{array}$ → 44

⑥ $\begin{array}{r} 3\,6 \\ +\,1\,6 \end{array} \to \begin{array}{r} 30+6 \\ 10+6 \\ \hline 40+12 \end{array}$ → 52

펼쳐서 더하기 3단계

연습문제(2)

화살표를 따라 □ 안에 알맞은 수를 쓰세요.

① $\begin{array}{r} 1\,7 \\ +\,1\,8 \end{array} \to \begin{array}{r} 10+7 \\ 10+8 \\ \hline 20+15 \end{array}$ → 35

② $\begin{array}{r} 4\,2 \\ +\,3\,9 \end{array} \to \begin{array}{r} 40+2 \\ 30+9 \\ \hline 70+11 \end{array}$ → 81

③ $\begin{array}{r} 1\,5 \\ +\,3\,5 \end{array} \to \begin{array}{r} 10+5 \\ 30+5 \\ \hline 40+10 \end{array}$ → 50

④ $\begin{array}{r} 2\,9 \\ +\,4\,8 \end{array} \to \begin{array}{r} 20+9 \\ 40+8 \\ \hline 60+17 \end{array}$ → 77

⑤ $\begin{array}{r} 1\,3 \\ +\,2\,7 \end{array} \to \begin{array}{r} 10+3 \\ 20+7 \\ \hline 30+10 \end{array}$ → 40

⑥ $\begin{array}{r} 2\,7 \\ +\,1\,5 \end{array} \to \begin{array}{r} 20+7 \\ 10+5 \\ \hline 30+12 \end{array}$ → 42

3단계 펼쳐서 더하기

연습문제(3)

화살표를 따라 □ 안에 알맞은 수를 쓰세요.

① $\begin{array}{r} 3\,9 \\ +\,3\,7 \end{array} \to \begin{array}{r} 30+9 \\ 30+7 \\ \hline 60+16 \end{array}$ → 76

② $\begin{array}{r} 4\,6 \\ +\,2\,5 \end{array} \to \begin{array}{r} 40+6 \\ 20+5 \\ \hline 60+11 \end{array}$ → 71

③ $\begin{array}{r} 1\,5 \\ +\,2\,6 \end{array} \to \begin{array}{r} 10+5 \\ 20+6 \\ \hline 30+11 \end{array}$ → 41

④ $\begin{array}{r} 3\,9 \\ +\,4\,1 \end{array} \to \begin{array}{r} 30+9 \\ 40+1 \\ \hline 70+10 \end{array}$ → 80

⑤ $\begin{array}{r} 2\,8 \\ +\,3\,2 \end{array} \to \begin{array}{r} 20+8 \\ 30+2 \\ \hline 50+10 \end{array}$ → 60

⑥ $\begin{array}{r} 1\,7 \\ +\,1\,4 \end{array} \to \begin{array}{r} 10+7 \\ 10+4 \\ \hline 20+11 \end{array}$ → 31

55쪽

펼쳐서 더하기 3단계

연습문제(4)

화살표를 따라 □ 안에 알맞은 수를 쓰세요.

① 27 → 20 + 7
  +49 → 40 + 9
         60 + 16
         76

② 25 → 20 + 5
  +68 → 60 + 8
         80 + 13
         93

③ 56 → 50 + 6
  +27 → 20 + 7
         70 + 13
         83

④ 43 → 40 + 3
  +47 → 40 + 7
         80 + 10
         90

⑤ 19 → 10 + 9
  +33 → 30 + 3
         40 + 12
         52

⑥ 42 → 40 + 2
  +28 → 20 + 8
         60 + 10
         70

57쪽

펼쳐서 더하기 3단계

도전문제(1)

39 + 85

3 9 → 30 + 9
+ 8 5 → 80 + 5
         110 + 14

100 + 20 + 4

124

도전문제(2)

66 + 75

6 6 → 60 + 6
+ 7 5 → 70 + 5
         130 + 11

100 + 40 + 1

141

58쪽

3단계 펼쳐서 더하기

연습문제(1)

화살표를 따라 □ 안에 알맞은 수를 쓰세요.

① 37 → 30 + 7
  +87 → 80 + 7
         110 + 14
         124

② 85 → 80 + 5
  +49 → 40 + 9
         120 + 14
         134

③ 44 → 40 + 4
  +76 → 70 + 6
         110 + 10
         120

④ 76 → 70 + 6
  +68 → 60 + 8
         130 + 14
         144

⑤ 99 → 90 + 9
  +59 → 50 + 9
         140 + 18
         158

⑥ 68 → 60 + 8
  +63 → 60 + 3
         120 + 11
         131

59쪽

펼쳐서 더하기 3단계

연습문제(2)

화살표를 따라 □ 안에 알맞은 수를 쓰세요.

① 76 → 70 + 6
  +89 → 80 + 9
         150 + 15
         165

② 28 → 20 + 8
  +98 → 90 + 8
         110 + 16
         126

③ 56 → 50 + 6
  +54 → 50 + 4
         100 + 10
         110

④ 98 → 90 + 8
  +85 → 80 + 5
         170 + 13
         183

⑤ 39 → 30 + 9
  +76 → 70 + 6
         100 + 15
         115

⑥ 74 → 70 + 4
  +59 → 50 + 9
         120 + 13
         133

3단계 펼쳐서 더하기

연습문제(3)

화살표를 따라 ☐ 안에 알맞은 수를 쓰세요.

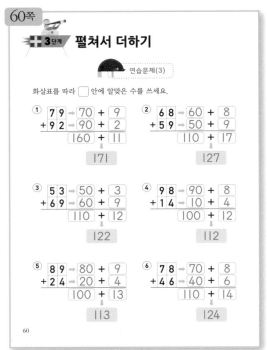

① 79 → 70 + 9 / +92 → 90 + 2 / 160 + 11 = 171
② 68 → 60 + 8 / +59 → 50 + 9 / 110 + 17 = 127
③ 53 → 50 + 3 / +69 → 60 + 9 / 110 + 12 = 122
④ 98 → 90 + 8 / +14 → 10 + 4 / 100 + 12 = 112
⑤ 89 → 80 + 9 / +24 → 20 + 4 / 100 + 13 = 113
⑥ 78 → 70 + 8 / +46 → 40 + 6 / 110 + 14 = 124

연습문제(4)

화살표를 따라 ☐ 안에 알맞은 수를 쓰세요.

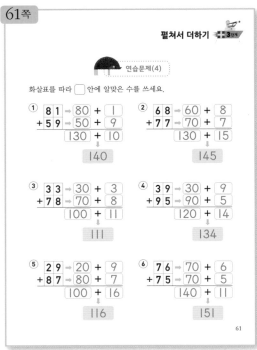

① 81 → 80 + 1 / +59 → 50 + 9 / 130 + 10 = 140
② 68 → 60 + 8 / +77 → 70 + 7 / 130 + 15 = 145
③ 33 → 30 + 3 / +78 → 70 + 8 / 100 + 11 = 111
④ 39 → 30 + 9 / +95 → 90 + 5 / 120 + 14 = 134
⑤ 29 → 20 + 9 / +87 → 80 + 7 / 100 + 16 = 116
⑥ 76 → 70 + 6 / +75 → 70 + 5 / 140 + 11 = 151

3단계 펼쳐서 더하기

연습문제(5)

화살표를 따라 ☐ 안에 알맞은 수를 쓰세요.

① 75 → 70 + 5 / +79 → 70 + 9 / 140 + 14 = 154
② 46 → 40 + 6 / +68 → 60 + 8 / 100 + 14 = 114
③ 98 → 90 + 8 / +93 → 90 + 3 / 180 + 11 = 191
④ 68 → 60 + 8 / +98 → 90 + 8 / 150 + 16 = 166
⑤ 68 → 60 + 8 / +45 → 40 + 5 / 100 + 13 = 113
⑥ 94 → 90 + 4 / +69 → 60 + 9 / 150 + 13 = 163

연습문제(6)

화살표를 따라 ☐ 안에 알맞은 수를 쓰세요.

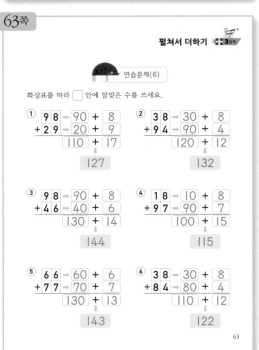

① 98 → 90 + 8 / +29 → 20 + 9 / 110 + 17 = 127
② 38 → 30 + 8 / +94 → 90 + 4 / 120 + 12 = 132
③ 98 → 90 + 8 / +46 → 40 + 6 / 130 + 14 = 144
④ 18 → 10 + 8 / +97 → 90 + 7 / 100 + 15 = 115
⑤ 66 → 60 + 6 / +77 → 70 + 7 / 130 + 13 = 143
⑥ 38 → 30 + 8 / +84 → 80 + 4 / 110 + 12 = 122

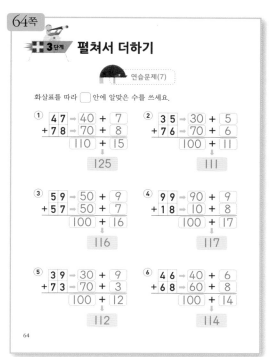

64쪽

3단계 펼쳐서 더하기

연습문제(7)

화살표를 따라 □ 안에 알맞은 수를 쓰세요.

① 47 → 40 + 7
  +78 → 70 + 8
      110 + 15
        125

② 35 → 30 + 5
  +76 → 70 + 6
      100 + 11
        111

③ 59 → 50 + 9
  +57 → 50 + 7
      100 + 16
        116

④ 99 → 90 + 9
  +18 → 10 + 8
      100 + 17
        117

⑤ 39 → 30 + 9
  +73 → 70 + 3
      100 + 12
        112

⑥ 46 → 40 + 6
  +68 → 60 + 8
      100 + 14
        114

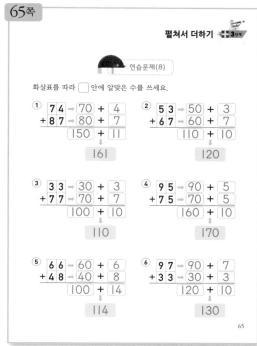

65쪽

펼쳐서 더하기 3단계

연습문제(8)

화살표를 따라 □ 안에 알맞은 수를 쓰세요.

① 74 → 70 + 4
  +87 → 80 + 7
      150 + 11
        161

② 53 → 50 + 3
  +67 → 60 + 7
      110 + 10
        120

③ 33 → 30 + 3
  +77 → 70 + 7
      100 + 10
        110

④ 95 → 90 + 5
  +75 → 70 + 5
      160 + 10
        170

⑤ 66 → 60 + 6
  +48 → 40 + 8
      100 + 14
        114

⑥ 97 → 90 + 7
  +33 → 30 + 3
      120 + 10
        130

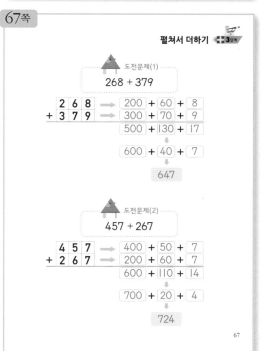

67쪽

펼쳐서 더하기 3단계

도전문제(1)

268 + 379

2 6 8 → 200 + 60 + 8
+3 7 9 → 300 + 70 + 9
        500 + 130 + 17
        600 + 40 + 7
          647

도전문제(2)

457 + 267

4 5 7 → 400 + 50 + 7
+2 6 7 → 200 + 60 + 7
        600 + 110 + 14
        700 + 20 + 4
          724

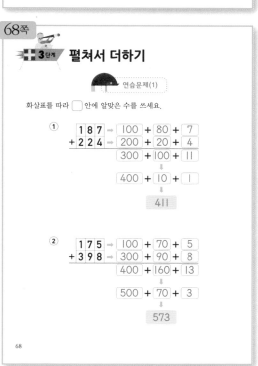

68쪽

3단계 펼쳐서 더하기

연습문제(1)

화살표를 따라 □ 안에 알맞은 수를 쓰세요.

① 1 8 7 → 100 + 80 + 7
  +2 2 4 → 200 + 20 + 4
          300 + 100 + 11
          400 + 10 + 1
            411

② 1 7 5 → 100 + 70 + 5
  +3 9 8 → 300 + 90 + 8
          400 + 160 + 13
          500 + 70 + 3
            573

펄쳐서 더하기 3단계

연습문제(2)

화살표를 따라 ☐ 안에 알맞은 수를 쓰세요.

①
$$
\begin{array}{r}
263 \\
+477
\end{array}
$$
263 → 200 + 60 + 3
+477 → 400 + 70 + 7
        600 + 130 + 10
        ↓
        700 + 40 + 0
        ↓
        740

②
592 → 500 + 90 + 2
+138 → 100 + 30 + 8
        600 + 120 + 10
        ↓
        700 + 30 + 0
        ↓
        730

69

3단계 펄쳐서 더하기

연습문제(3)

화살표를 따라 ☐ 안에 알맞은 수를 쓰세요.

①
475 → 400 + 70 + 5
+379 → 300 + 70 + 9
        700 + 140 + 14
        ↓
        800 + 50 + 4
        ↓
        854

②
246 → 200 + 40 + 6
+268 → 200 + 60 + 8
        400 + 100 + 14
        ↓
        500 + 10 + 4
        ↓
        514

70

펄쳐서 더하기 3단계

연습문제(4)

화살표를 따라 ☐ 안에 알맞은 수를 쓰세요.

①
198 → 100 + 90 + 8
+493 → 400 + 90 + 3
        500 + 180 + 11
        ↓
        600 + 90 + 1
        ↓
        691

②
368 → 300 + 60 + 8
+398 → 300 + 90 + 8
        600 + 150 + 16
        ↓
        700 + 60 + 6
        ↓
        766

71

3단계 펄쳐서 더하기

연습문제(5)

화살표를 따라 ☐ 안에 알맞은 수를 쓰세요.

①
268 → 200 + 60 + 8
+245 → 200 + 40 + 5
        400 + 100 + 13
        ↓
        500 + 10 + 3
        ↓
        513

②
294 → 200 + 90 + 4
+369 → 300 + 60 + 9
        500 + 150 + 13
        ↓
        600 + 60 + 3
        ↓
        663

72

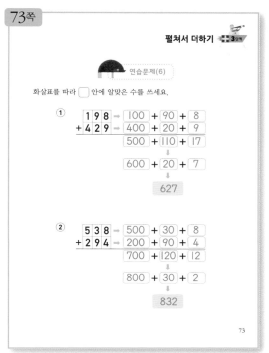

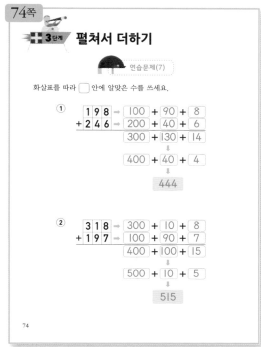

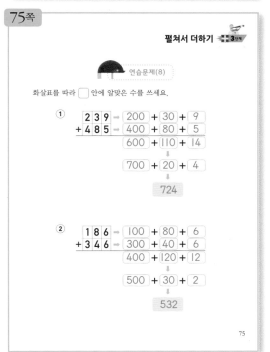

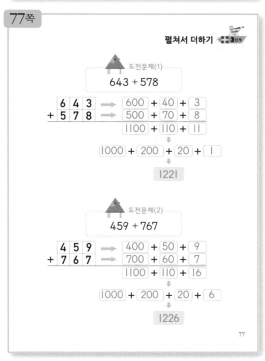

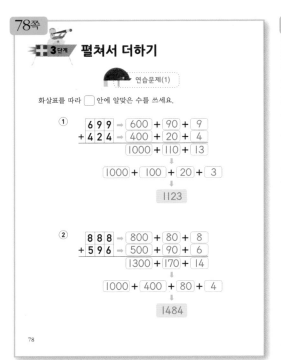

3단계 펼쳐서 더하기

연습문제(1)

화살표를 따라 ☐ 안에 알맞은 수를 쓰세요.

① 699 → 600 + 90 + 9
+424 → 400 + 20 + 4
1000 + 110 + 13
1000 + 100 + 20 + 3
1123

② 888 → 800 + 80 + 8
+596 → 500 + 90 + 6
1300 + 170 + 14
1000 + 400 + 80 + 4
1484

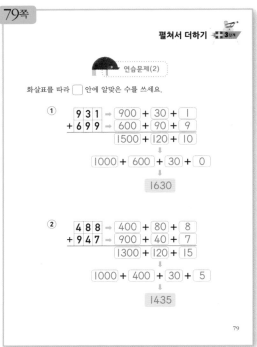

펼쳐서 더하기 3단계

연습문제(2)

화살표를 따라 ☐ 안에 알맞은 수를 쓰세요.

① 931 → 900 + 30 + 1
+699 → 600 + 90 + 9
1500 + 120 + 10
1000 + 600 + 30 + 0
1630

② 488 → 400 + 80 + 8
+947 → 900 + 40 + 7
1300 + 120 + 15
1000 + 400 + 30 + 5
1435

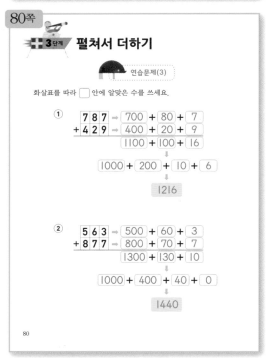

3단계 펼쳐서 더하기

연습문제(3)

화살표를 따라 ☐ 안에 알맞은 수를 쓰세요.

① 787 → 700 + 80 + 7
+429 → 400 + 20 + 9
1100 + 100 + 16
1000 + 200 + 10 + 6
1216

② 563 → 500 + 60 + 3
+877 → 800 + 70 + 7
1300 + 130 + 10
1000 + 400 + 40 + 0
1440

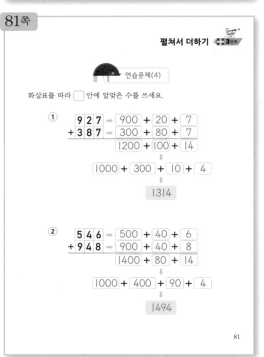

펼쳐서 더하기 3단계

연습문제(4)

화살표를 따라 ☐ 안에 알맞은 수를 쓰세요.

① 927 → 900 + 20 + 7
+387 → 300 + 80 + 7
1200 + 100 + 14
1000 + 300 + 10 + 4
1314

② 546 → 500 + 40 + 6
+948 → 900 + 40 + 8
1400 + 80 + 14
1000 + 400 + 90 + 4
1494

110

82쪽

3단계 펼쳐서 더하기

연습문제(5)

화살표를 따라 ☐ 안에 알맞은 수를 쓰세요.

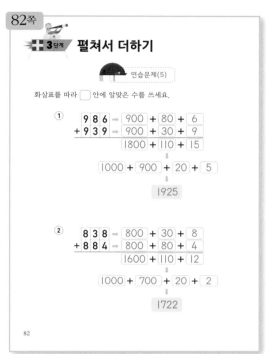

83쪽

펼쳐서 더하기 3단계

연습문제(6)

화살표를 따라 ☐ 안에 알맞은 수를 쓰세요.

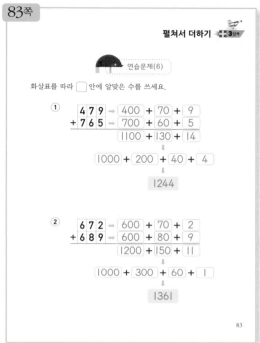

84쪽

3단계 펼쳐서 더하기

연습문제(7)

화살표를 따라 ☐ 안에 알맞은 수를 쓰세요.

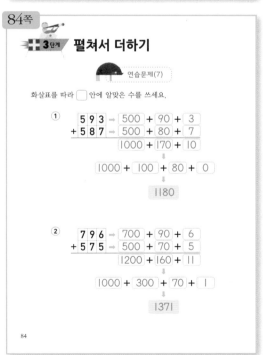

85쪽

펼쳐서 더하기 3단계

연습문제(8)

화살표를 따라 ☐ 안에 알맞은 수를 쓰세요.

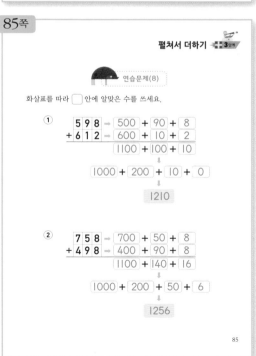

3단계 펼쳐서 더하기

연습문제(9)

화살표를 따라 ◯ 안에 알맞은 수를 쓰세요.

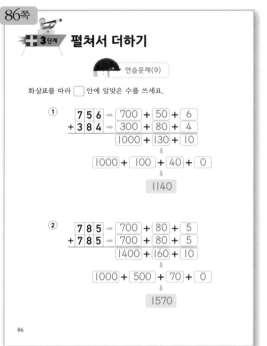

①
756 → 700 + 50 + 6
+384 → 300 + 80 + 4
      1000 + 130 + 10
→ 1000 + 100 + 40 + 0
→ 1140

②
785 → 700 + 80 + 5
+785 → 700 + 80 + 5
      1400 + 160 + 10
→ 1000 + 500 + 70 + 0
→ 1570

암산하기 4단계

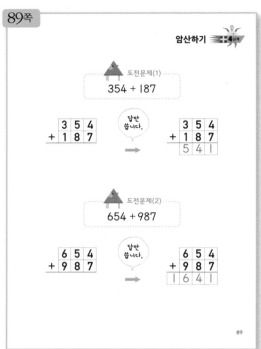

도전문제(1)

354 + 187

답만 씁니다.

354
+187

354
+187
541

도전문제(2)

654 + 987

답만 씁니다.

654
+987

654
+987
1641

4단계 암산하기

연습문제(1)

① 33 + 28 = 61
② 28 + 44 = 72
③ 39 + 48 = 87
④ 26 + 47 = 73

⑤ 79 + 45 = 124
⑥ 26 + 76 = 102
⑦ 67 + 88 = 155
⑧ 42 + 69 = 111

⑨ 85 + 85 = 170
⑩ 64 + 37 = 101
⑪ 13 + 97 = 110
⑫ 87 + 95 = 182

⑬ 69 + 47 = 116
⑭ 96 + 45 = 141
⑮ 75 + 36 = 111
⑯ 49 + 71 = 120

암산하기 4단계

연습문제(2)

① 88 + 22 = 110
② 77 + 44 = 121
③ 77 + 99 = 176
④ 55 + 88 = 143

⑤ 57 + 46 = 103
⑥ 13 + 97 = 110
⑦ 49 + 83 = 132
⑧ 32 + 88 = 120

⑨ 67 + 67 = 134
⑩ 95 + 59 = 154
⑪ 74 + 96 = 170
⑫ 56 + 88 = 144

⑬ 69 + 79 = 148
⑭ 38 + 73 = 111
⑮ 56 + 89 = 145
⑯ 38 + 98 = 136

112

92쪽

4단계 암산하기

연습문제(3)

① 38 + 47 = 85
② 28 + 65 = 93
③ 29 + 66 = 95
④ 34 + 59 = 93

⑤ 79 + 92 = 171
⑥ 98 + 59 = 157
⑦ 63 + 69 = 132
⑧ 48 + 74 = 122

⑨ 59 + 84 = 143
⑩ 58 + 96 = 154
⑪ 11 + 99 = 110
⑫ 36 + 84 = 120

⑬ 47 + 76 = 123
⑭ 63 + 98 = 161
⑮ 55 + 55 = 110
⑯ 82 + 78 = 160

93쪽

암산하기 4단계

연습문제(4)

① 593 + 587 = 1180
② 967 + 568 = 1535
③ 847 + 476 = 1323

④ 327 + 895 = 1222
⑤ 965 + 756 = 1721
⑥ 987 + 124 = 1111

⑦ 756 + 987 = 1743
⑧ 392 + 738 = 1130
⑨ 754 + 796 = 1550

⑩ 698 + 893 = 1591
⑪ 686 + 984 = 1670
⑫ 894 + 569 = 1463

94쪽

4단계 암산하기

연습문제(5)

① 983 + 299 = 1282
② 898 + 446 = 1344
③ 183 + 978 = 1161

④ 869 + 468 = 1337
⑤ 647 + 578 = 1225
⑥ 357 + 766 = 1123

⑦ 279 + 951 = 1230
⑧ 867 + 277 = 1144
⑨ 973 + 947 = 1920

⑩ 587 + 939 = 1526
⑪ 946 + 369 = 1315
⑫ 526 + 888 = 1414

95쪽

암산하기 4단계

연습문제(6)

① 681 + 499 = 1180
② 899 + 524 = 1423
③ 493 + 969 = 1462

④ 881 + 479 = 1360
⑤ 834 + 276 = 1110
⑥ 737 + 977 = 1714

⑦ 546 + 968 = 1514
⑧ 987 + 939 = 1926
⑨ 595 + 839 = 1434

⑩ 674 + 748 = 1422
⑪ 964 + 757 = 1721
⑫ 777 + 685 = 1462

4단계 암산하기

연습문제(7)

①
```
  8 4 7
+ 4 7 6
1 3 2 3
```

②
```
  9 6 5
+ 7 5 6
1 7 2 1
```

③
```
  6 8 6
+ 9 8 7
1 6 7 3
```

④
```
  1 8 3
+ 9 9 9
1 1 8 2
```

⑤
```
  4 6 8
+ 8 6 9
1 3 3 7
```

⑥
```
  2 7 7
+ 8 6 8
1 1 4 5
```

⑦
```
  8 8 8
+ 6 6 6
1 5 5 4
```

⑧
```
  4 9 9
+ 6 8 3
1 1 8 2
```

⑨
```
  5 4 6
+ 9 6 8
1 5 1 4
```

⑩
```
  7 4 8
+ 6 7 6
1 4 2 4
```

⑪
```
  2 7 6
+ 8 5 4
1 1 3 0
```

⑫
```
  9 7 7
+ 7 7 5
1 7 5 2
```

96